石远藏壶，有数十个年头，是个壶痴。石远收藏的均是百年前铸造的老壶。他说那个时期造的壶带有浓郁的华夏传统文化，而且做工精良。生活中的石远病魔缠身且沉默寡言，但若谈起这些百年的老铁壶，他还是能准确地道出每把壶的来龙去脉，精细到壶上铸造的每一个细节。

本集虽不能涵盖所有的铁壶款式，但代表性的作品，石远均已收集并归类，喜欢老铁壶的藏家可以从中一饱眼福。

老铁壶

石远　编

海峡出版发行集团
THE STRAITS PUBLISHING & DISTRIBUTING GROUP
福建美术出版社

龙文堂、龟文堂、藏六（堂）制壶历史

- 京都、龙文堂
  四方安平
  1732年-1798年
  - 初代龟文堂
    波多野正平
    1812年-1892年
    - 梅泉
    - 光重
  - 初代
    四方安之介
    1780年-1841年
    - 二代
      四方安之介
      1796年-1850年
    - 三代
      四方安之介
      1816年-1884年
    - 四代
      喜一郎
      1843年-1886年
    - 五代
      溝口喜兵卫
      1833年-1914年
    - 六代
      荣太郎
      1873年-
    - 七代
      安太郎
      1900年-
  - 初代秦朱藏
    （秦藏六）
    - 二代
      藏六祝之助
      1854年-1932年
      - 三代
        藏六祝之助
        -1944年
        - 四代
      - 五代
        藏六祝之助

目录

江户时期·青龙堂造

战国饕餮文（兽面纹）·铁壶

该壶为脱蜡技术铸造，青铜器兽面纹环式，提手镶金嵌银，是典型的中国古器皿风格，壶盖特别厚重，属壶中极品。盖款青龙堂造并花押，是堂主作品。

高 22.5 厘米，宽 19 厘米，全重 2070 克，盖重 540 克。

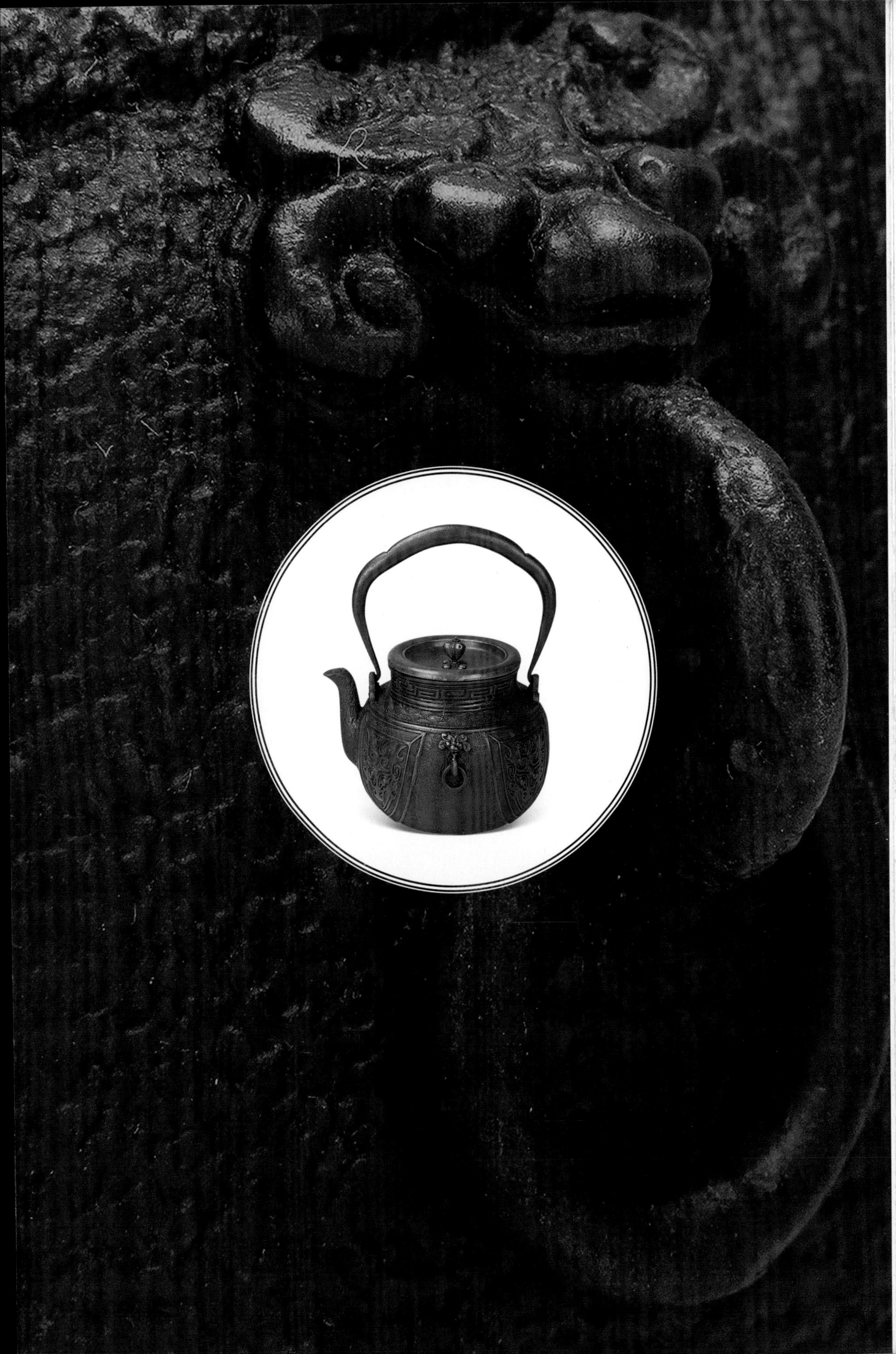

江户时期·龙文堂名人上田照房造·算珠·铁壶

上田照房是活跃于江户末明治初的著名釜师，其作品多为高端定制品，以阴刻阳雕技法著称，他曾给龙文堂、金龙堂、晴寿堂等多家堂号制壶。此壶为纯银盖。身款上田的“上”，盖款龙文堂造。

高 17 厘米，宽 16 厘米，全重 1030 克，盖重 220 克。

龍文堂造

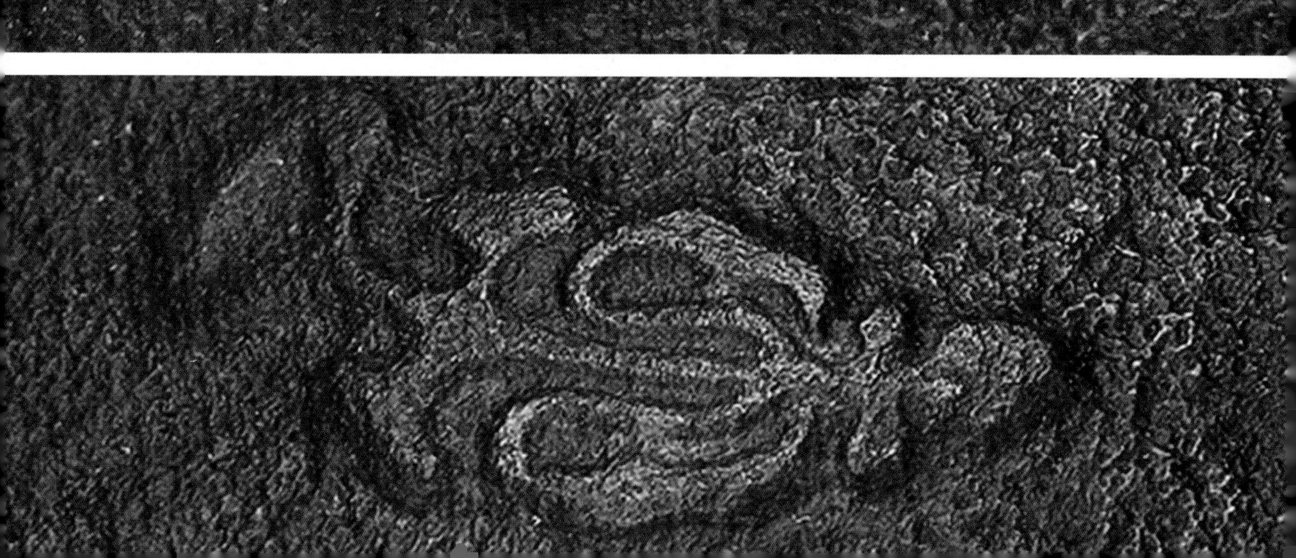

江户时期·光玉堂·丹顶鹤·铁壶

丹顶鹤象征吉祥幸福和忠贞长寿，题材在中国文学作品中常见，中国殷商时期就有鹤的形象出现。壶身一侧，金银镶嵌的丹顶鹤展翅飞翔，另一侧是松果松针纹饰，有长寿万福的寓意。纯银摘铜盖银嵌飞鸟，提手为蝴蝶兰花。盖款光玉堂造。

高 20 厘米，宽 18 厘米，全重 1650 克，盖重 300 克。

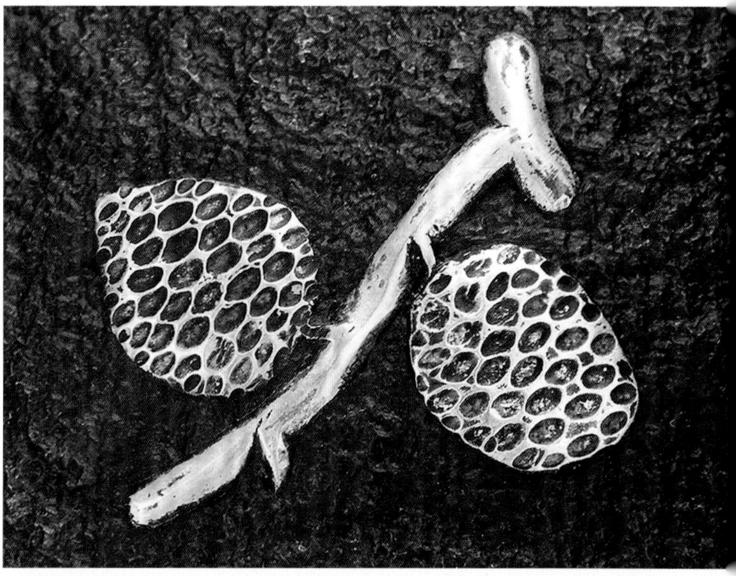

江户时期·龙文堂名人上田造·道安形·铁壶

此壶为龙文堂名人上田照房造，流传150年以上，两侧七言汉诗，中国古文化气息浓郁，收藏价值高。身款上田造小章，并盖有书法金工师印。

高21厘米，宽20厘米，全重2020克，盖重250克。

江户时期·金龙堂名人寿朗造·铁壶

该壶为正四方形小铁壶，造型别致，约180年历史。身款寿朗，盖款金龙堂造。

高19厘米，宽12厘米，全重780克，盖重230克。

明治时期·金寿堂名人雨宫造·归鸟·铁壶

图案营造了傍晚百鸟入林的特征。该是煮茶的时刻了。整壶精工细作，特别是壶盖和提手的镶嵌精美无比。盖上灵芝蝙蝠，提手精巧枝蔓蝴蝶。盖款雨宫造。

高 21 厘米，宽 17.5 厘米，全重 1750 克，盖重 330 克。

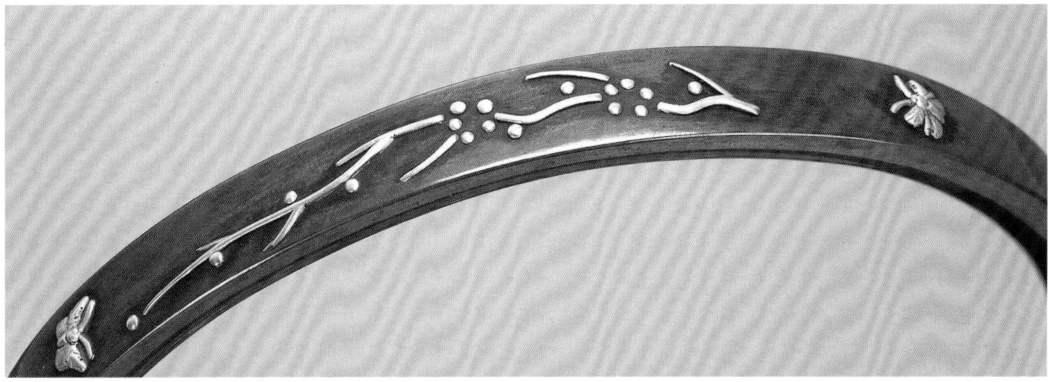

明治时期·龙文堂名人安之介造·铁壶

此壶为龙文堂安之介造，安之介是铁壶艺术的传奇人物，他的作品传世量少，极其难求。壶身镶嵌金银祥云，铜盖四朵银祥云，银摘钮铜提手嵌银兰花和蝙蝠，象征吉祥福气。盖款龙文堂安之介造。

高 20 厘米，宽 17 厘米，全重 2000 克，盖重 400 克。

龍文堂
安之介造

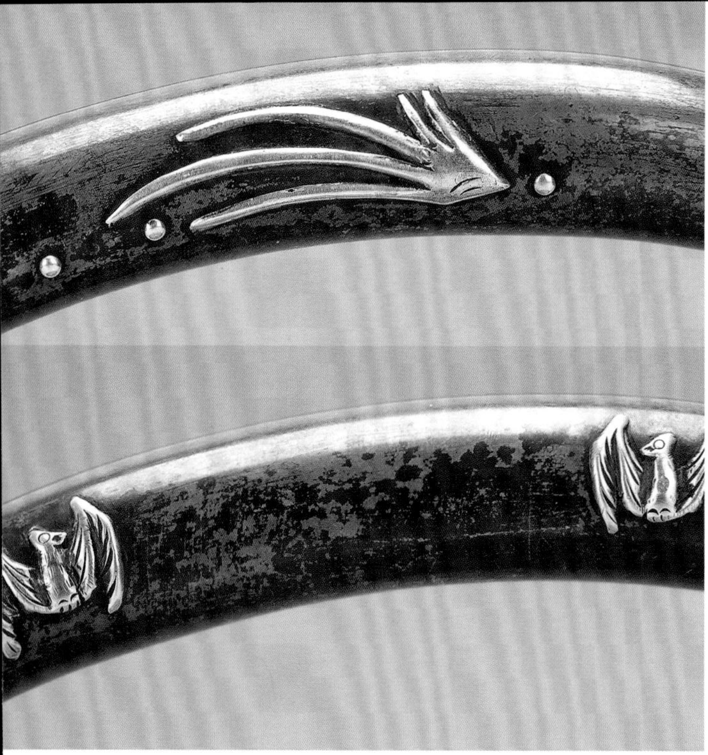

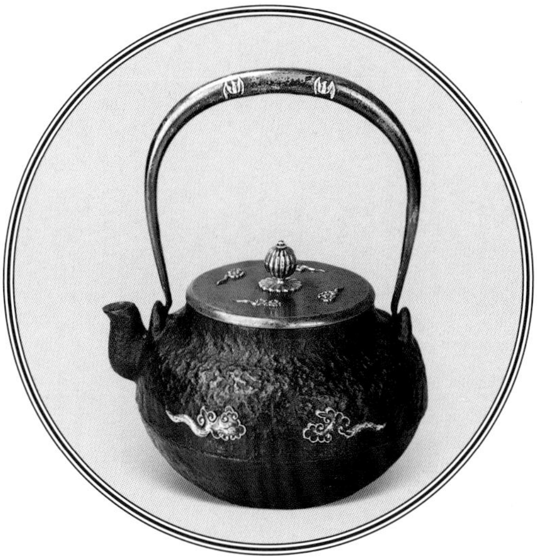

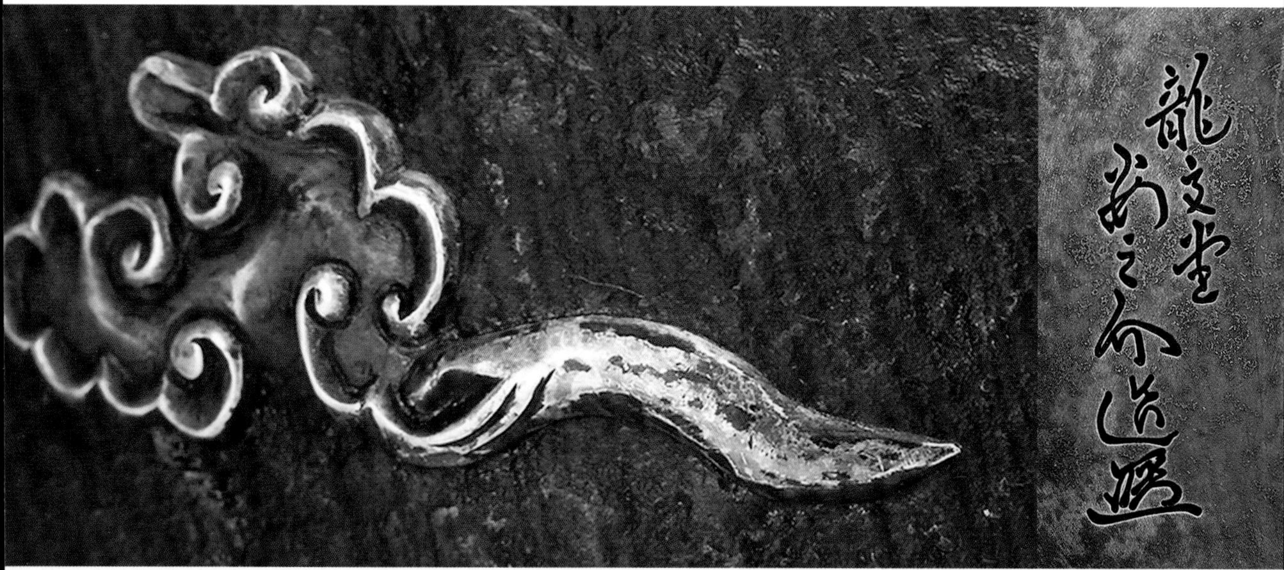

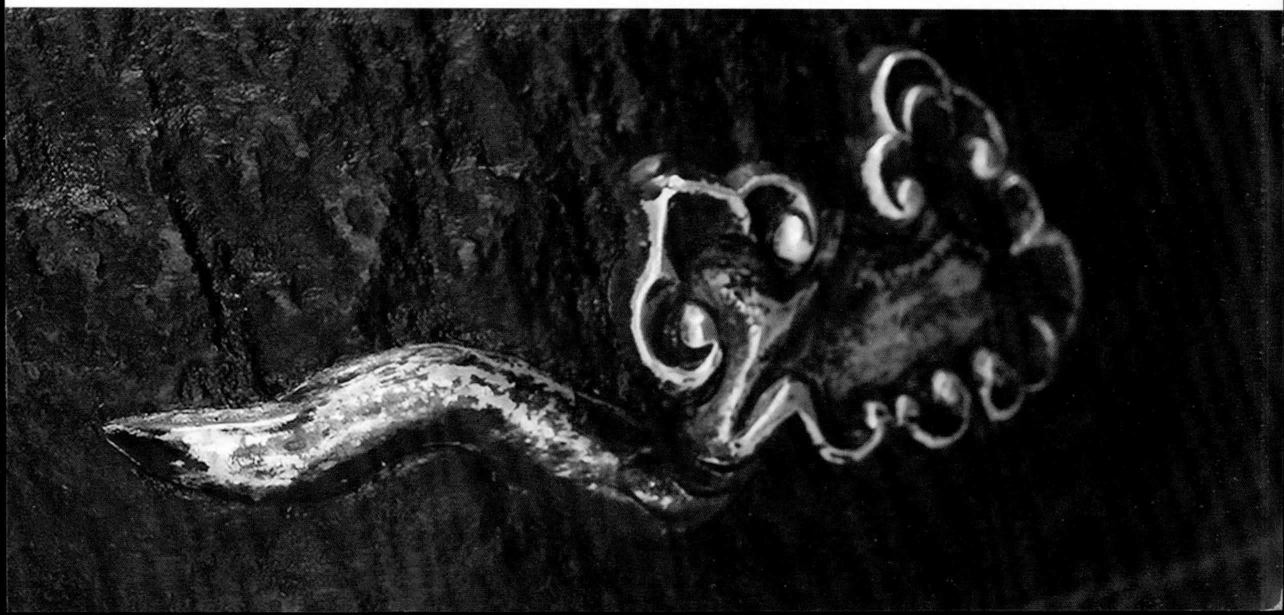

明治时期·大国寿朗造·诗文·河蟹铁壶

此壶为著名釜师大国寿朗造，壶形小巧精美，右侧河蟹浮雕，左侧经典诗文。壶款及底部多处铸印，为收藏上品。

明治时期・龙文堂名人大国寿朗・鹿鹭・铁壶

该壶为大国寿朗名作。浮雕图案：山坡鹿鸣，白鹭觅食，象征宁静安祥，和谐幸福。大国寿朗被称为中国通，全壶有三国曹操的《短歌行》的意境。身款寿朗印，内盖款龙文堂造。

高 23 厘米，宽 16 厘米，全重 2140 克，盖重 230 克。

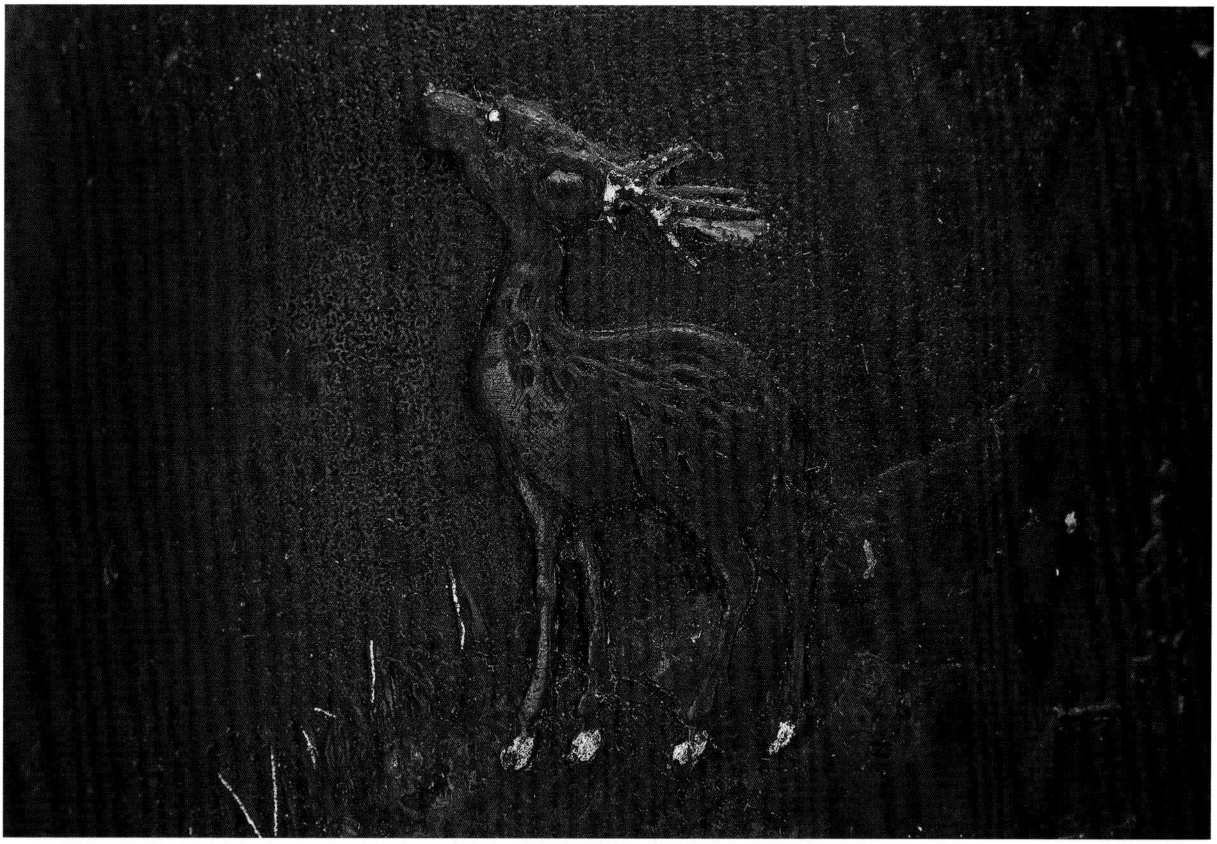

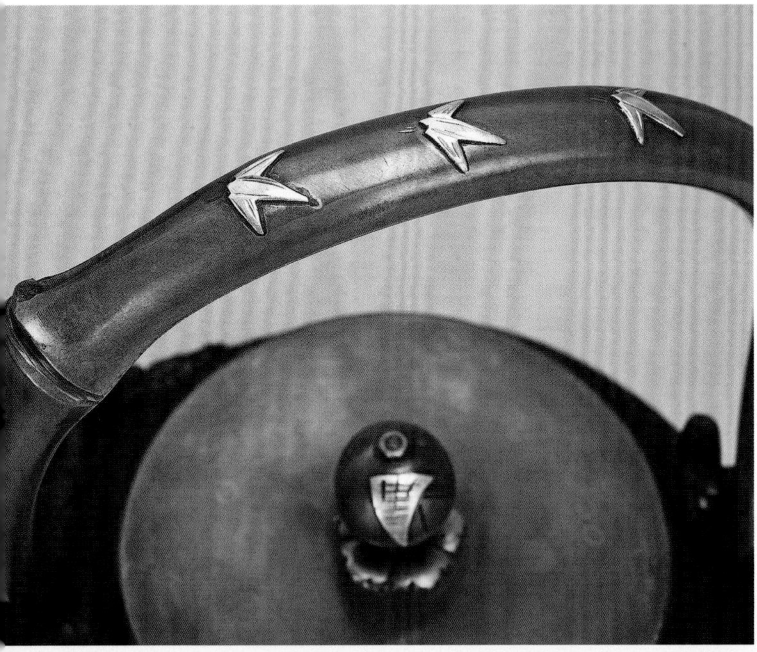

明治时期·龟文堂名人梅泉造·梅兰·铁壶

此壶为脱蜡技术制造，是梅泉的精品。梅兰高浮雕图案，梅镶银花，金缀兰花，铜提手竹节嵌银竹叶，配上罕见的铜盖，镶银铜摘。身款日本梅泉小章，底款家在日本琵琶湖之东大章。

高 21 厘米，宽 18 厘米，全重 2040 克，盖重 370 克。

明治时期·龙文堂名人大国寿朗造·聊自乐·铁壶

该壶庄重大气雅致，铸汉字“聊自乐”，壶上图案是煮茶品茗的炉子、铁壶、木炭、水缸、水瓢、水桶、石桌椅等，壶盖上银摘钮银包壶嘴，盖上是远眺的点点渔帆和海鸥，体现了品茗聊天的乐趣。身款寿朗小章，盖款龙文堂造。

高 22 厘米，宽 18 厘米，全重 2230 克，盖重 280 克。

明治时期・金寿堂名人雨宫造・富士山・铁壶

此壶形属雨宫巅峰时期所作。左侧铸富士山祥云环绕图案，右侧树海连绵，提手嵌银鹤，厚铜盖配精美银摘钮，整壶典雅大方。身款雨空圆章，盖款金寿堂造。

高 21.5 厘米，宽 17 厘米，全重 1750 克，盖重 320 克。

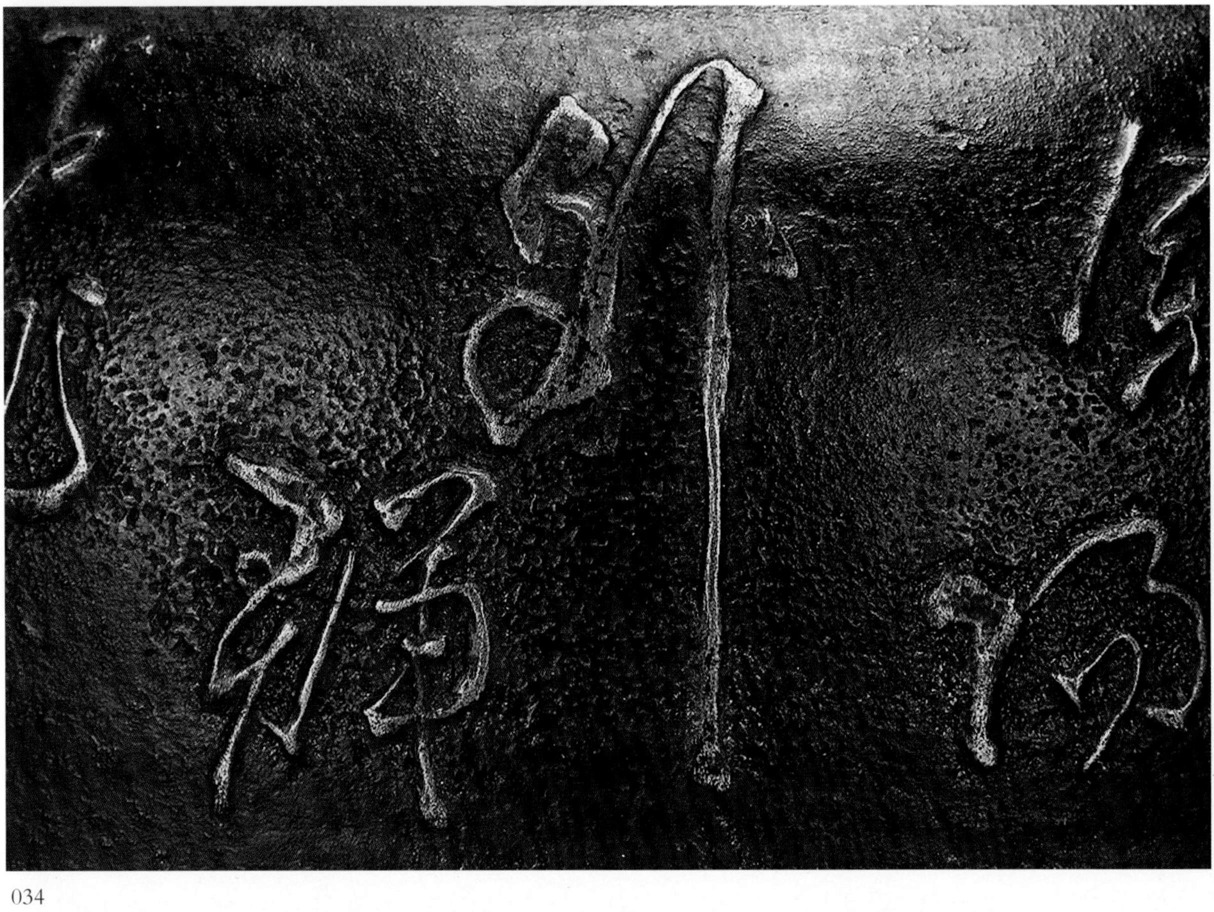

明治时期·金寿堂名人雨宫造·竹林飞鸟·铁壶

该壶混圆厚重，右侧为竹枝竹，叶惟妙惟肖，飞鸟、金蜗牛栩栩如生；左侧是“声噪斜阳外，晖飞云海中”的汉字行草书法。铜盖上银梅绽放，阴刻的山雀唱枝头，提手金银镶嵌。壶身雨宫圆章。

高 23 厘米，宽 2 厘米，全重 2240 克，盖重 260 克。

京都金寿堂造

明治时期·金寿堂造·满工金银·铁壶

此壶系为皇家打造的精品壶，金银工艺独一无二，铜盖与摘钮精美绝伦，已历经一百多年的烧灼使用，金饰银饰完好无损。有一把近似作品被收藏于欧洲的民艺馆。身款京都金寿堂造，盖款金寿堂造。

高 20 厘米，宽 15 厘米，全重 1290 克，盖重 240 克。

明治时期·青龙堂名人乐冲造·铁壶

此壶精巧实用，镶月、鸟图案及汉字行草："万点送残晖"，表达了黄昏，鸟雀觅食，弯月初上，繁星点点送走日暮余晖的景色。身款乐冲金印，盖款青龙堂造并花押。

高 20 厘米，宽 16 厘米，全重 1440 克，盖重 230 克。

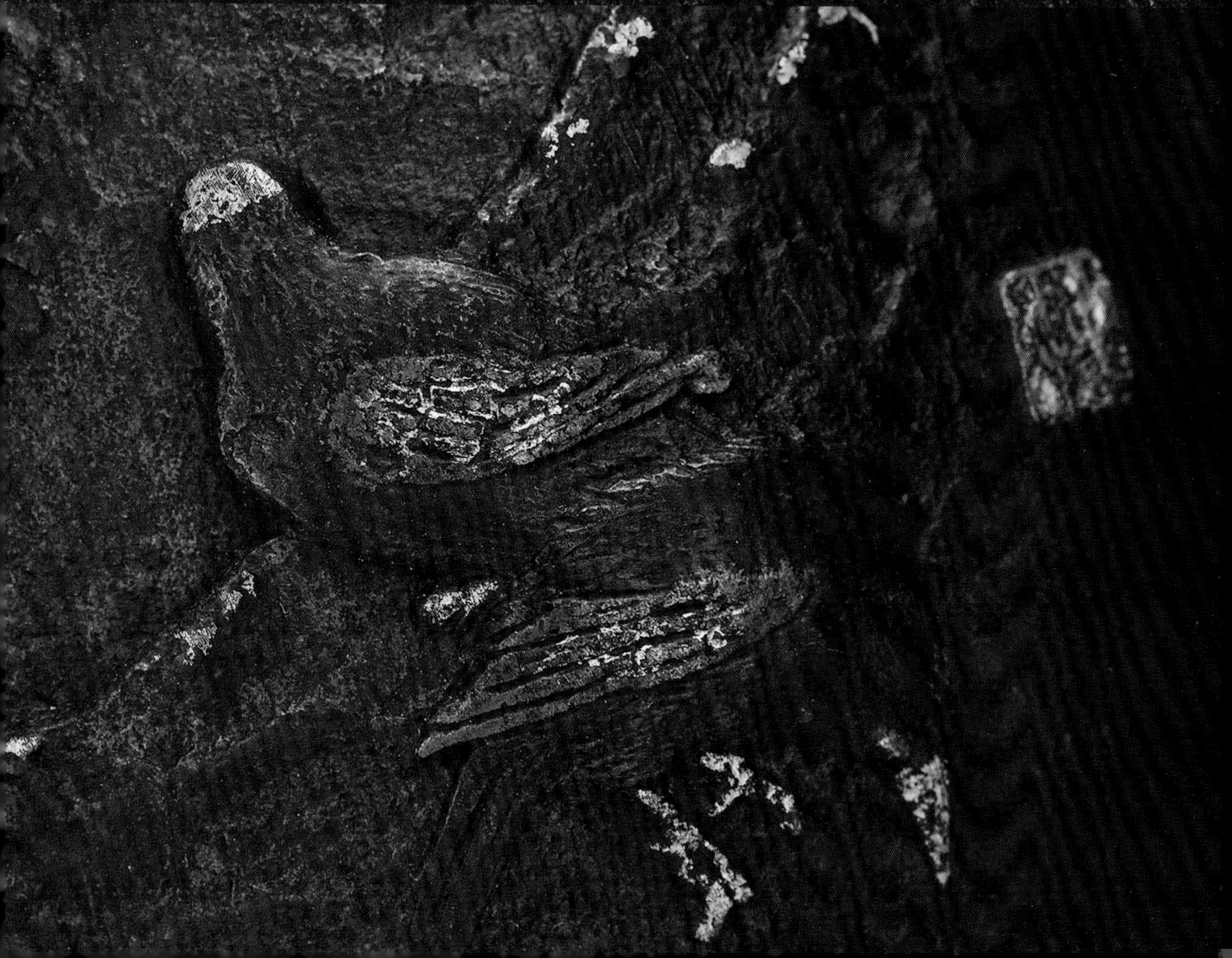

明治时期·亀文堂造·月鸟·铁壶

该壶为脱蜡技术铸造，是亀文堂作品，壶身完好，装有响片，壶身有银月银鸟及亭台风光图案，铜提手和摘钮嵌银灵芝蝙蝠，提手能拆卸。身款日本亀文小章，底款家住日本琵琶湖在东。

高 20 厘米，宽 18 厘米，全重 1860 克，盖重 300 克。

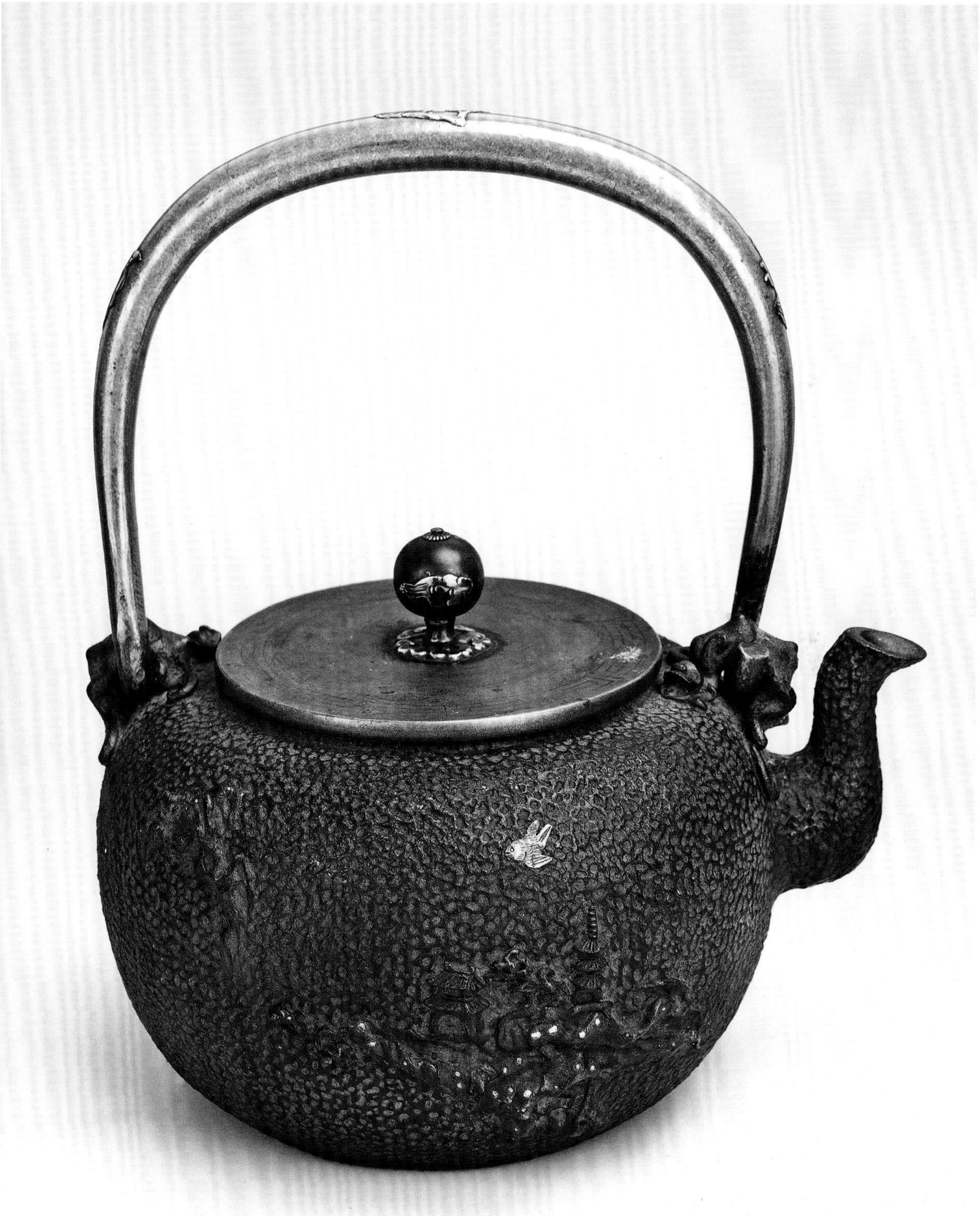

明治时期·龙文堂造· 霰纹·铁壶

蜡铸法乳钉纹铁壶，壶身雅致，提手美观，配铜盖和精美银摘钮，内底装响片，收藏实用两相宜。盖款龙文堂造。

高 21 厘米，宽 17 厘米，全重 1350 克，盖重 140 克。

龍文堂造

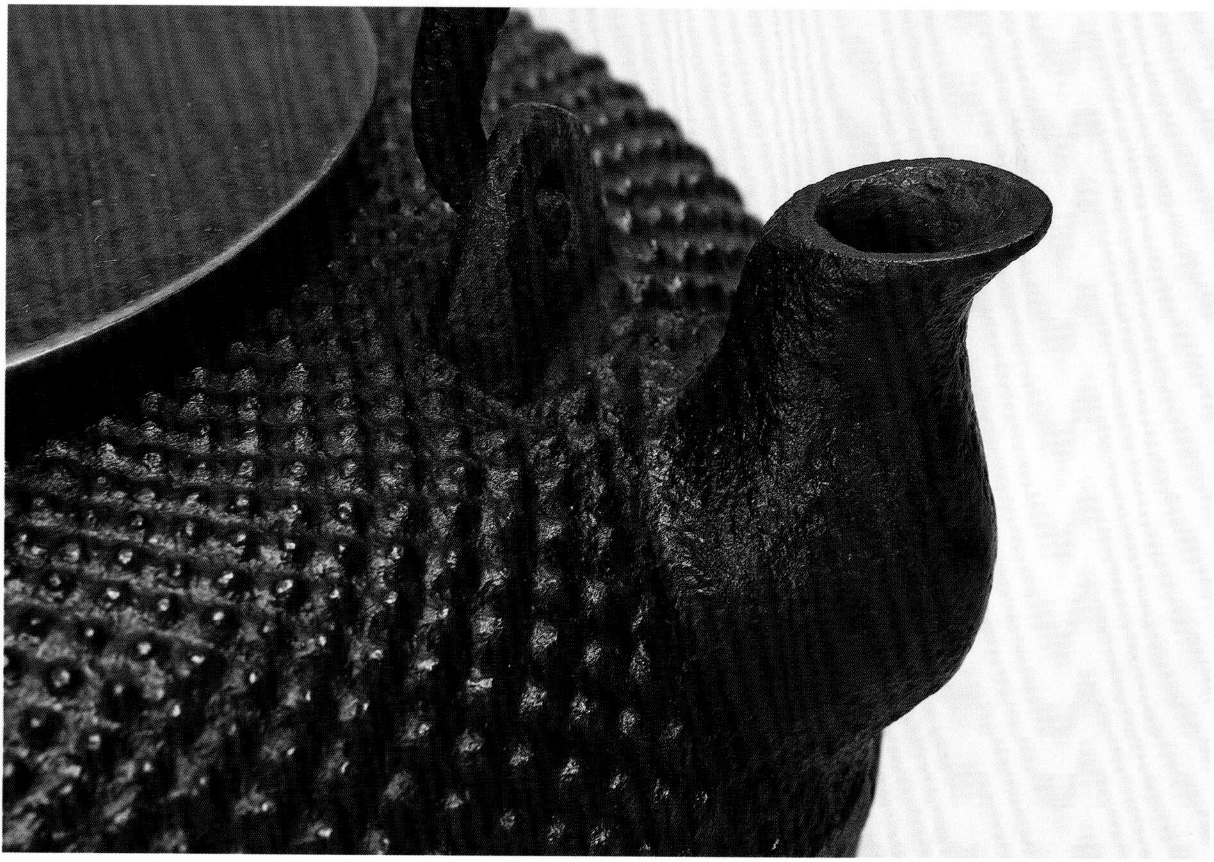

明治时期·长文堂造·菊花纹·铁壶

菊花是日本皇室象征，常为贵族使用，壶形大气，菊花浮雕高雅，斑紫铜盖稀有。

高 23 厘米，宽 18 厘米，全重 1780 克，盖重 270 克。

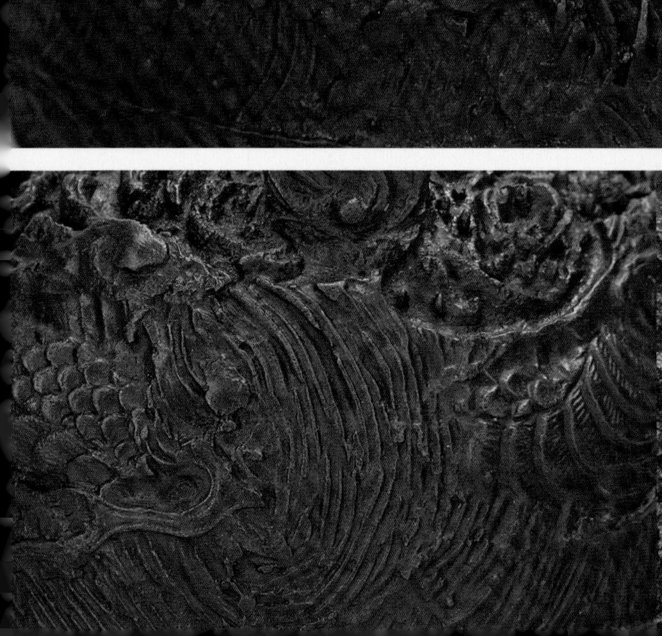

明治时期·龙文堂名人上田造·点金云龙盛图·铁壶

满工龙纹形铁壶，庄重霸气，为壶中极品。金眼银摘铜提手，壶身壶盖提手整体协调，活生生一幅云龙翻腾的气势。身款上田造。

高 24 厘米，宽 21 厘米，全重 2680 克，盖重 460 克。

明治时期·亀文堂造·铁壶

明治亀文堂造，铸山村景色高浮雕，铜盖铜摘钮，可拆卸的灵芝蝙蝠提手。身款亀文堂造。

高 22 厘米，宽 19 厘米，全重 1850 克，盖重 340 克。

明治时期・湖严堂造・兰花蟹・铁壶

脱蜡法铸造，此壶为龟文堂订制湖严堂造，有龟文堂传统之兰花蟹图案，还保持湖严堂独特的壶体形状，兰花错金，蟹睛点金，高雅大方。配有原始木箱，底款湖严堂造。

高 21 厘米，宽 18 厘米，全重 1630 克，盖重 200 克。

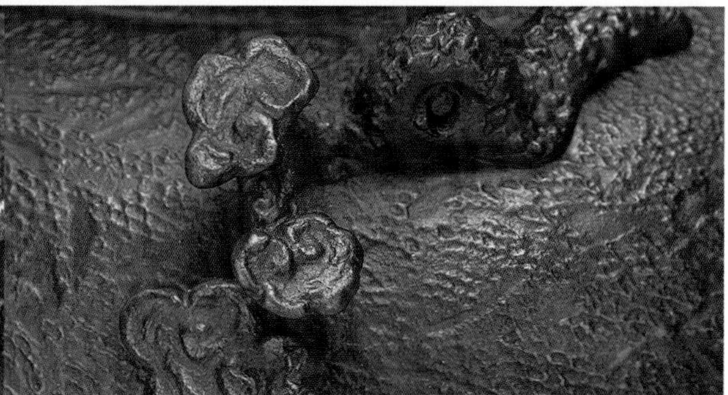

明治时期 · 龙文堂造 · 近江八景 · 铁壶

近江八景壶，壶形特殊呈八角形，八面各对应浅浮雕近江八景的一景（贺滋县优美的八处风光）。斑紫铜盖，提手嵌银图案。

高 21 厘米，宽 18 厘米，全重 1670 克，盖重 210 克。

明治时期・亀文堂・瀑布款・铁壶

脱蜡铸造，亀文堂铁壶。瀑布小桥架山涧，民居苍松山崖旁，背面还有圆月当空图案，铜盖银摘钮，铜提手银镶嵌。身款日本亀文小章，底款家在日本琵琶湖有东。

高 24 厘米，宽 21 厘米，全重 2190 克，盖重 340 克。

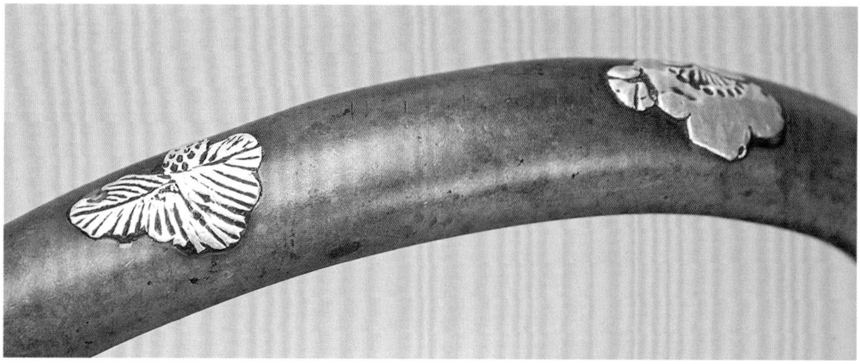

大國造

明治时期·大国造·月下双鹤·铁壶

该壶是大国巅峰时期作品，身形大方厚重，肌理底纹精致美观，弯月如勾的寂静夜空双鹤飞翔而过。更值一提的是铜盖重620克，盖摘钮提手的三宝图案雕刻令人惊叹。

高22厘米，宽19厘米，全重2200克，盖重620克。

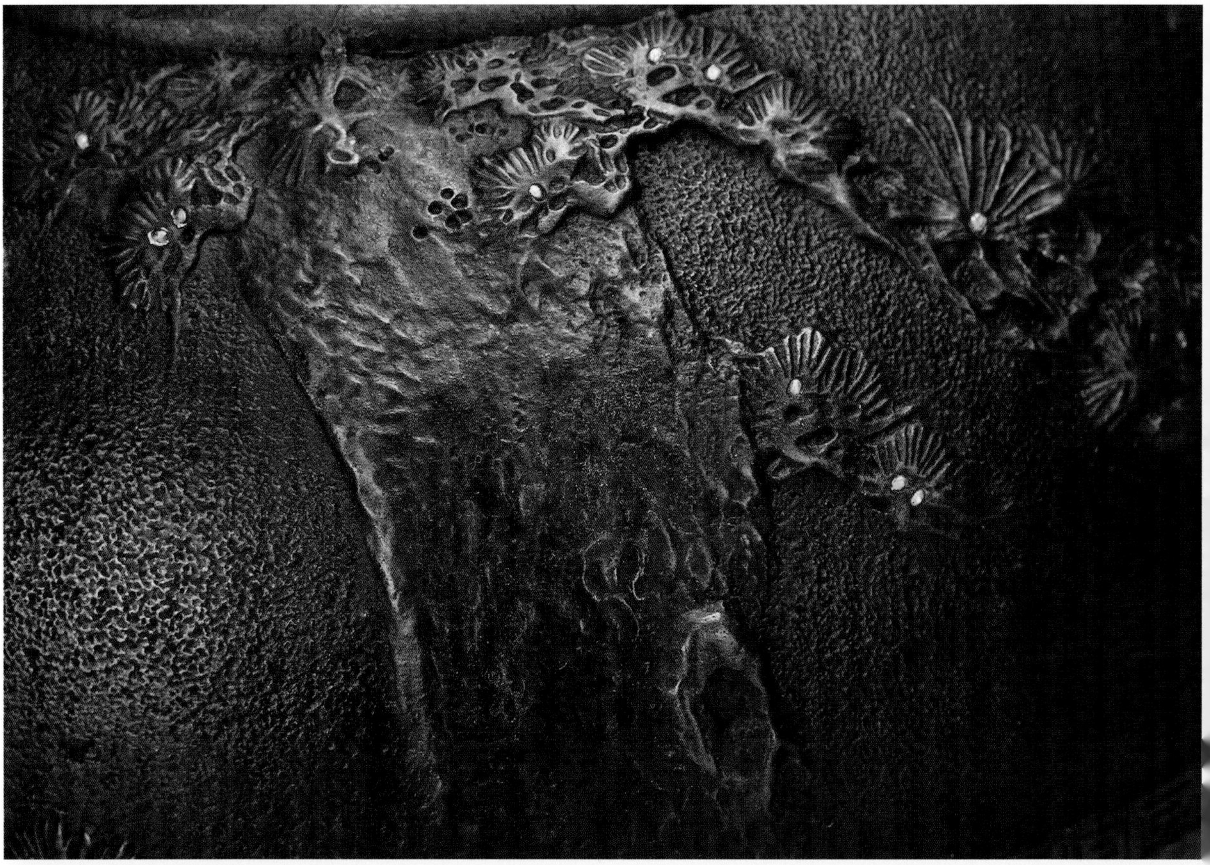

明治时期·金龙堂造·松上双鹤·大铁壶

松上双鹤壶，金银镶嵌，苍松仙鹤形象逼真，寓意延年益寿、吉祥如意。可容水三升，是壶中巨无霸。内盖款金寿堂造。

高 28.5 厘米，宽 24 厘米，全重 2780 克，盖重 410 克。

明治时期·藏六造·菊花纹·银壶

此壶为藏六造，所制银壶是皇室御用精品。通体捶打的立体菊花纹饰，布满壶身。底款藏六。

高 24 厘米，宽 21 厘米，壶重 1090 克。

明治时期·龙文堂造·正气凛凛·铁壶

此壶是龙文堂作品，右侧汉字行书“正气凛凛”，左侧有松枝松果浮雕，铜盖厚重，银摘精美。盖款龙文堂造。

高 21 厘米，宽 18 厘米，全重 1700 克，盖重 340 克。

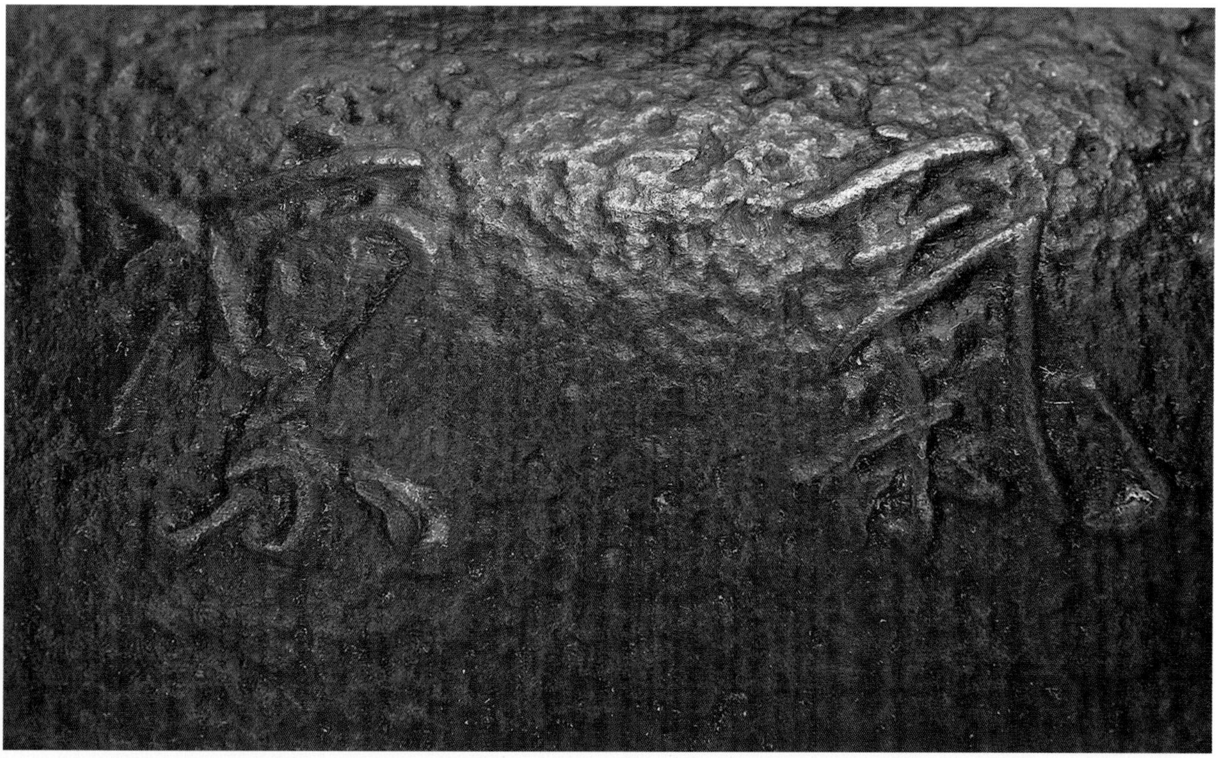

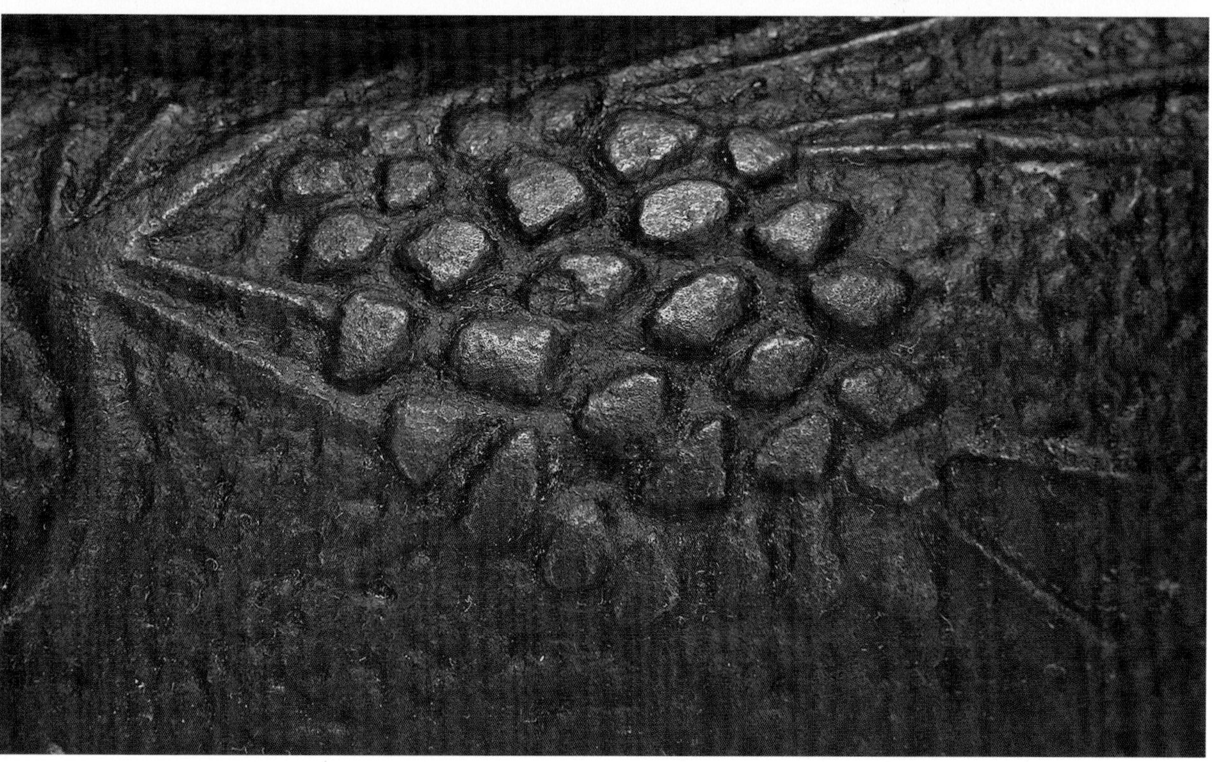

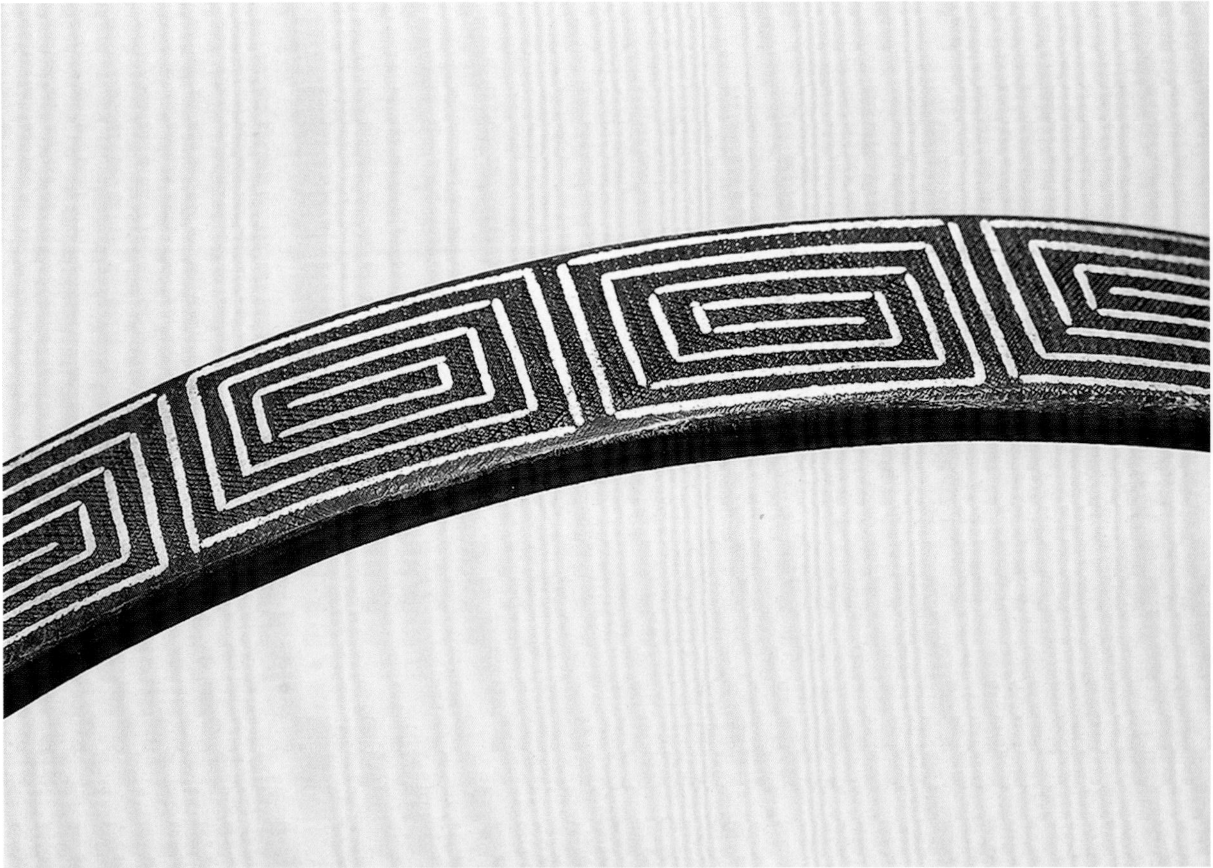

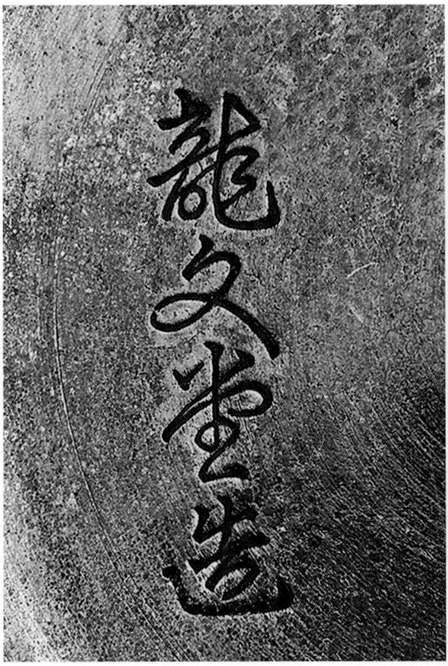
龍文堂造

明治时期 · 龙文堂造 · 木瓜形 · 铁壶

该壶厚实，斑紫铜盖，银摘钮，提手银纹镶嵌。盖款龙文堂造。

高 21 厘米，宽 17.5 厘米，全重 1900 克，盖重 350 克。

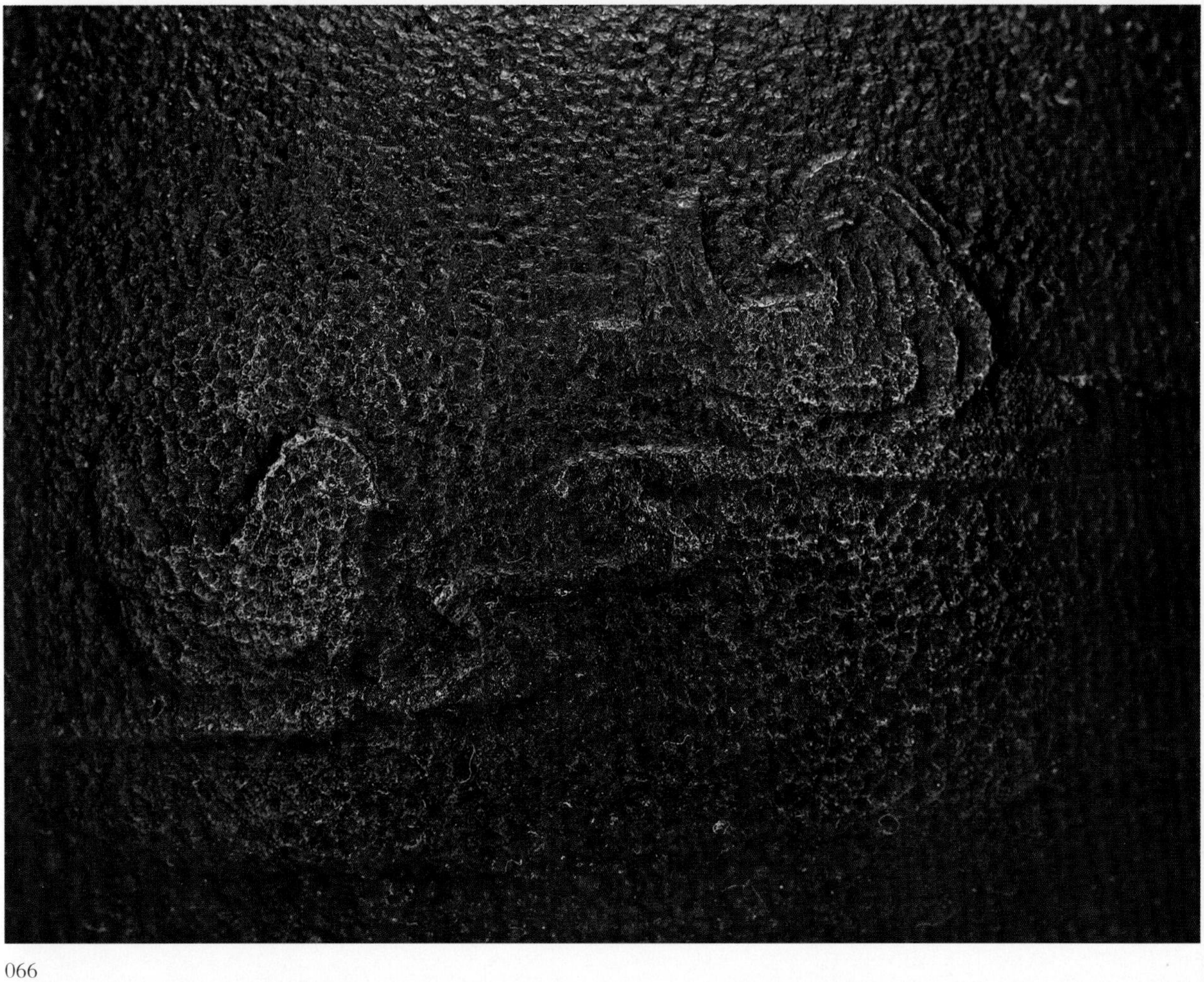

明治时期 · 龙文堂名人大国寿朗造 · 鸳鸯戏水 · 铁壶

该壶朴素大方，右侧为一对鸳鸯戏水，左侧一条长长的溪水，提手回字形镶银图案。盖款寿朗制大国印。

高 22.5 厘米，宽 19.5 厘米，全重 1550 克，盖重 390 克。

明治时期·龙文堂造·宝珠形·铁壶

该壶丰满圆润成宝珠状，十分精美，有厚重精致的铜盖和银摘钮。身款龙文堂造行书，为堂主造壶。

高 21.5 厘米，宽 17 厘米，全重 1680 克，盖重 350 克。

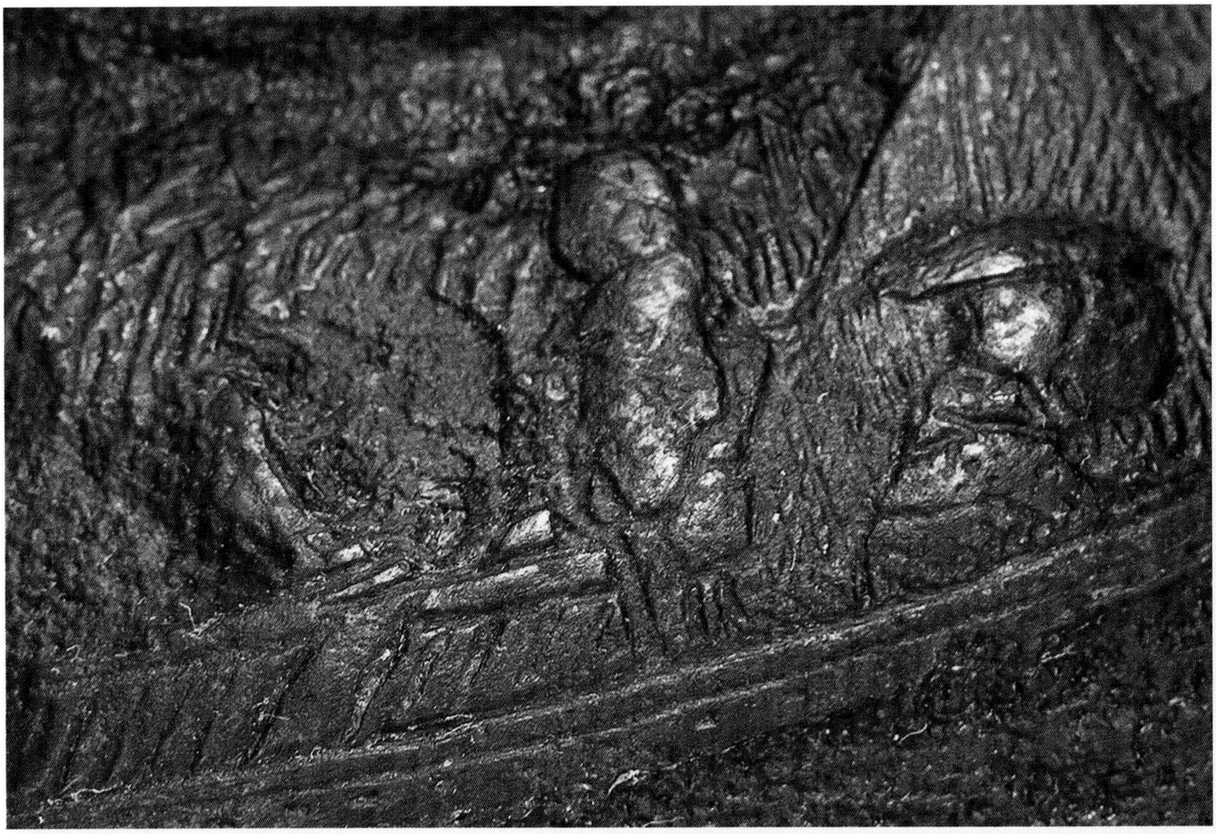

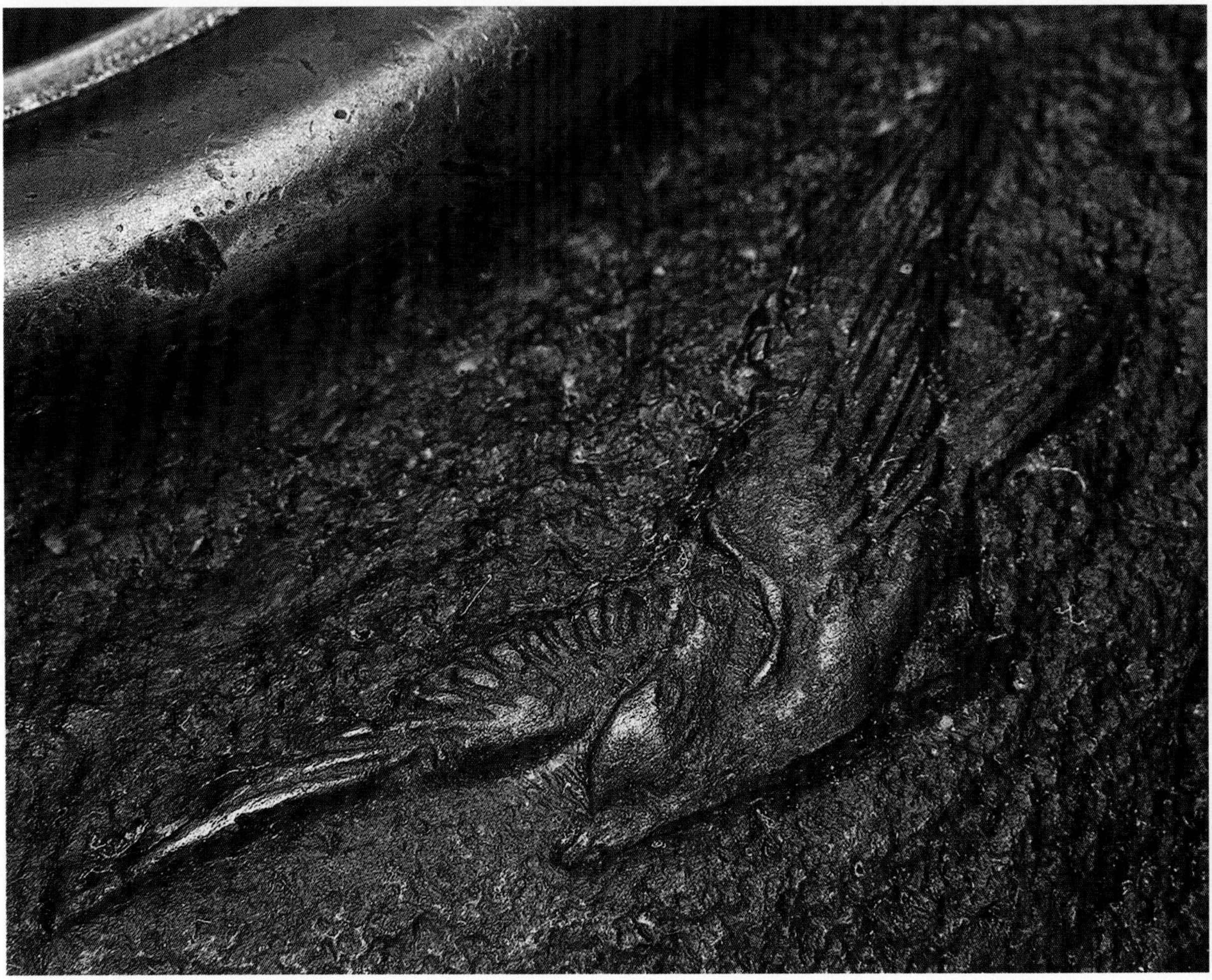

明治时期·龙文堂名人梅翁造·捕鱼·铁壶

此壶沧桑古朴，是梅翁作品。壶身浮雕图案为渔夫撒网捕鱼，海鸥飞翔。身款梅翁小章，盖款龙文堂造。

高 21 厘米，宽 18 厘米，全重 1510 克，盖重 300 克。

明治时期·大国造·点金云龙盛图·铁壶

该壶为直筒形，工艺精湛，特别是铜盖上精致的龙纹图案阳刻技术不可多得。身款大国造，盖款大国造。

高 28 厘米，宽 18 厘米，全重 3100 克，盖重 330 克。

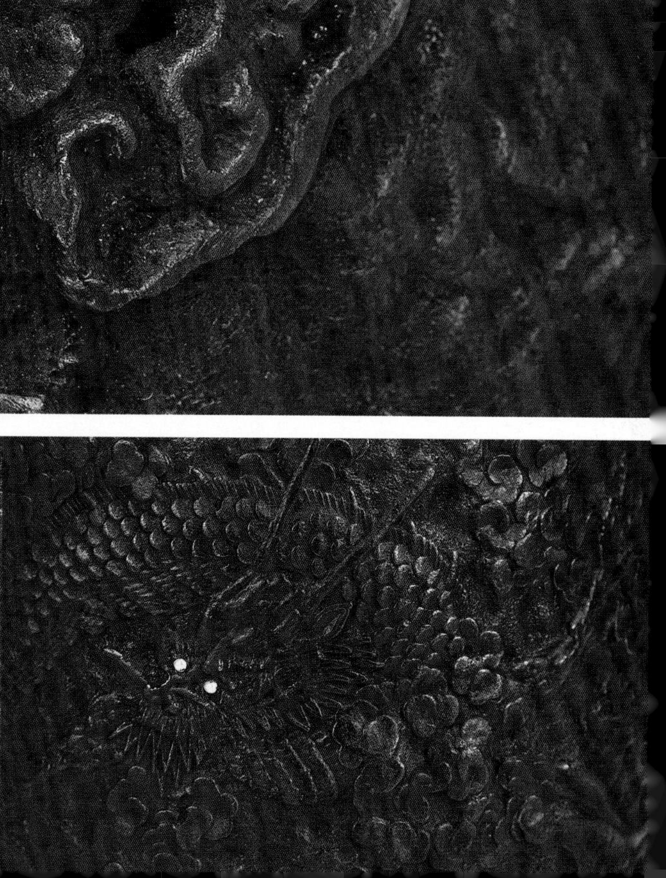

明治时期·光玉堂造·铁壶

该壶是光玉堂的精品。形状优美，镶错金银弯月、灵芝、蝙蝠图案，工艺精湛。铜盖也镶嵌精美图案。盖款光玉堂造，身款光玉堂造圆章。

高 21 厘米，宽 17 厘米，全重 1600 克，盖重 350 克。

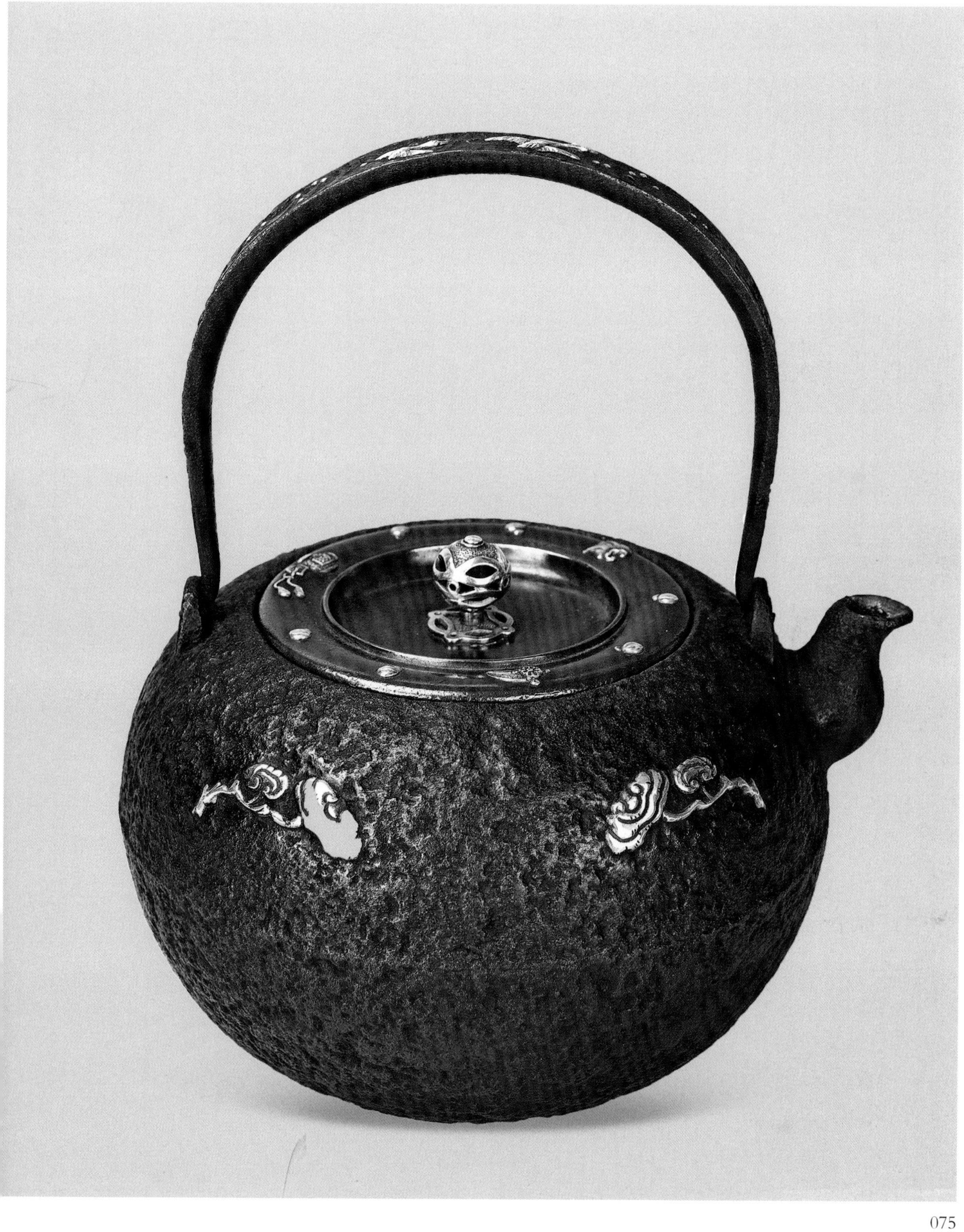

明治时期·名釜师大国造·云龙点睛·大铁壶

该壶霸气十足，壶身铸云龙腾飞的高浮雕，铜提手用银饰镶嵌，铜盖厚重，五爪金龙栩栩如生。盖款、身款大国造。

高 29 厘米，宽 23 厘米，全重 2810 克，盖重 580 克。

明治时期·大国寿朗造·铁壶

该壶古朴典雅，花卉浮雕有“报早春”书法，配精美铜盖。盖款龙文堂造，身款两处大国寿朗印款。

高 21 厘米，宽 17 厘米，全重 1680 克。

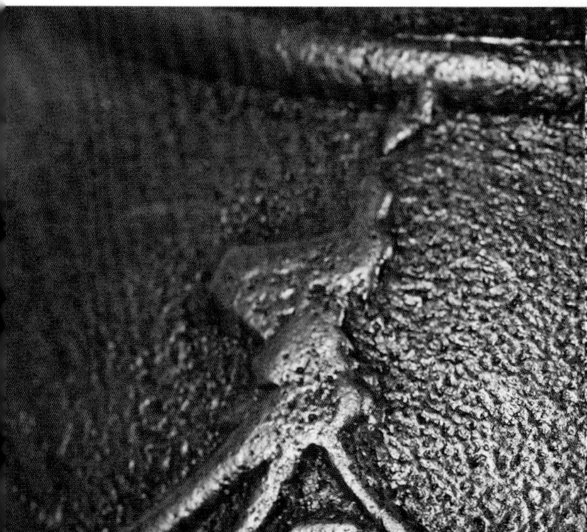

明治时期・光玉堂造・银包铁壶

此壶是罕见之物，银包铁壶身结合紧密，镶嵌金银的梅花耀眼夺目，银饰花草的铜盖，提手镶银月金蝙蝠，整壶华贵精美。盖款光玉堂造，身款光玉堂造。

高 17 厘米，宽 16 厘米，全重 1650 克，盖重 480 克。

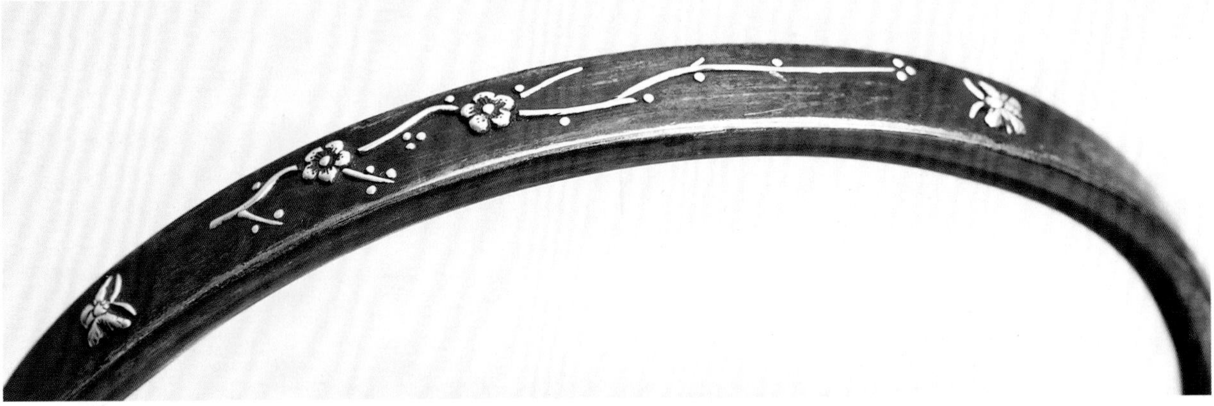

明治时期·云色堂美之助造·铁壶

此壶为云色堂堂主美之助造，壶身金银镶嵌，做工考究，铜盖厚重华丽，纯银摘钮。盖内有『美之助』印款，壶身有『云色堂』印款。

高 22 厘米，宽 17 厘米，全重 1840 克，盖重 490 克。

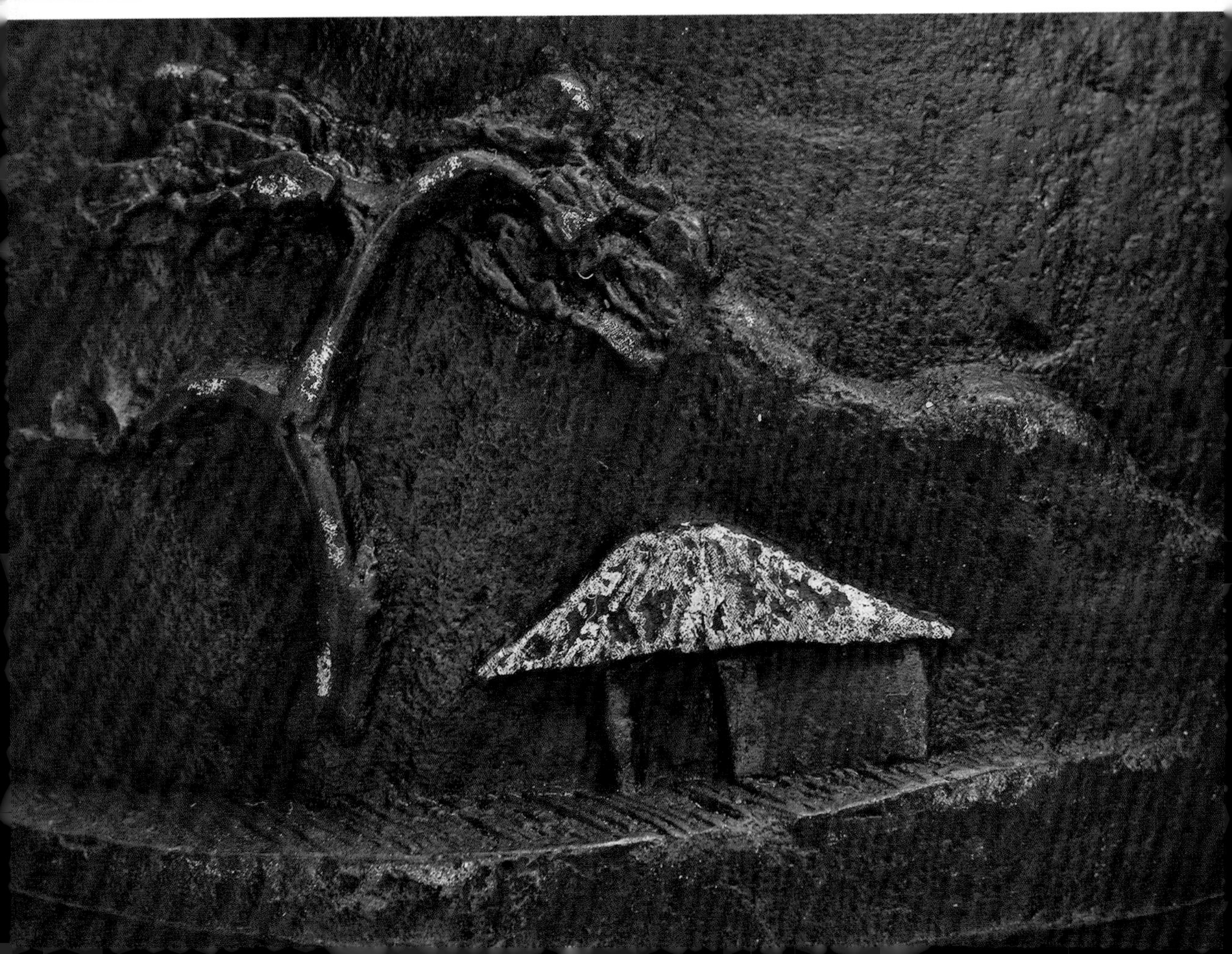

明治时期·龙文堂造·山屋·铁壶

该壶整体结构厚重，浮雕松林山居图案，铜盖铜摘钮，提手镶金银。盖款龙文堂造。

高 20 厘米，宽 17 厘米，全重 1830 克，盖重 260 克。

明治时期·龙文堂名人上田造·鸟卉图·铁壶

该壶铸高桶状壶身，双侧分别以阴刻表现花卉及小鸟图纹，提手点缀金银，铜盖银摘钮。身款上田照房，盖款龙文堂造。

高 25 厘米，宽 18 厘米，全重 2510 克，盖重 170 克。

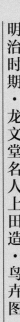

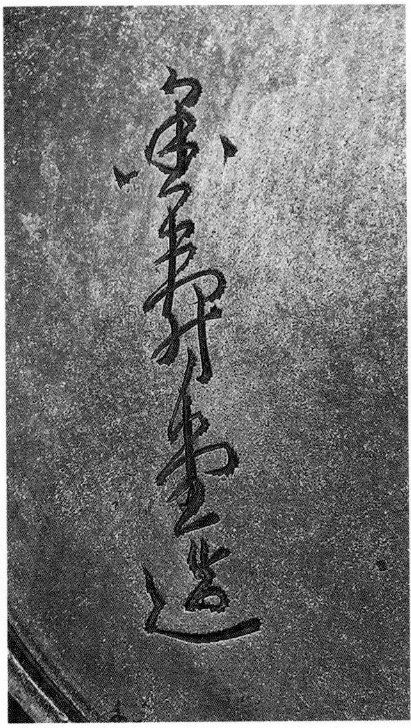

明治时期·金寿堂名人雨宫造·铁壶

壶身以自然的肌理构成，精美实用，铜盖上银摘钮闪亮，数片竹叶美不胜收，凹凸细致的提手很罕见。壶嘴下方雨宫圆章，盖款金寿堂造。

高 19 厘米，宽 17.5 厘米，全重 1320 克，盖重 290 克。

明治时期·龟文堂造·双鹤明月图·铁壶

脱蜡法铸造，银铜镶嵌，右侧双鹤飞翔，左侧明月图，铜提手银嵌花草纹，属龟文堂精品。身款日本龟文堂。

高 22 厘米，宽 19 厘米，全重 1970 克，盖重 470 克。

日本

明治时期·金寿堂名人雨宫造·铁壶

此壶为金寿堂堂主雨宫造，金银铜镶嵌，做工精巧，图案象征吉祥、幸福、长寿。

高 23 厘米，宽 16 厘米，全重 1540 克，盖重 340 克。

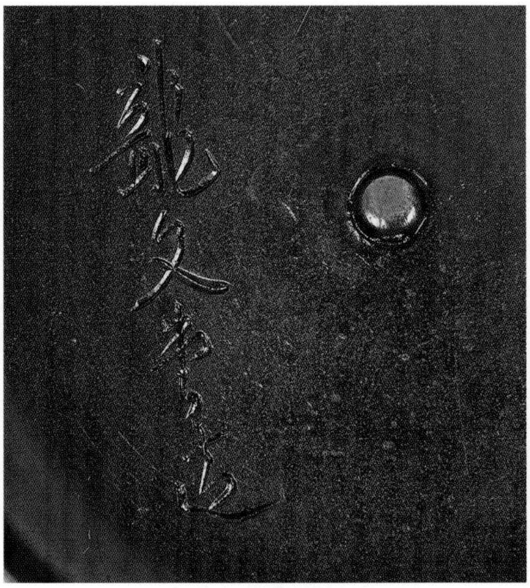

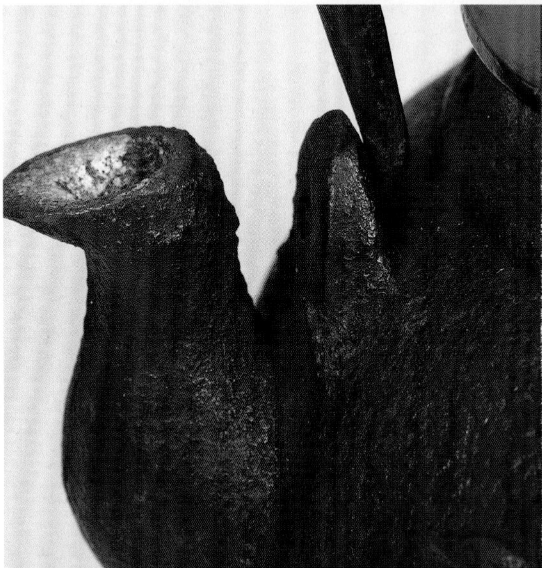

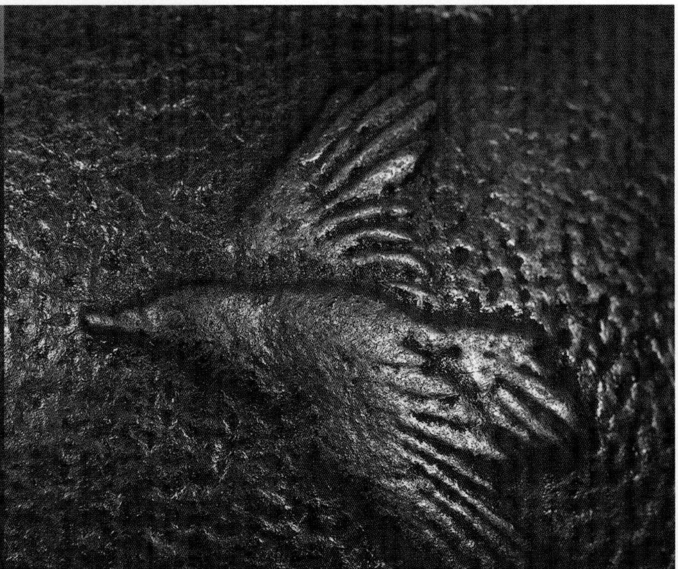

明治时期・龙文堂造・铁壶

盖款龙文堂造。

明治时期·龙文堂造

此壶为龙文堂明治时期造，古朴的回字形图案铁壶。

高 23 厘米，宽 18 厘米，全重 1340 克，盖重 250 克。

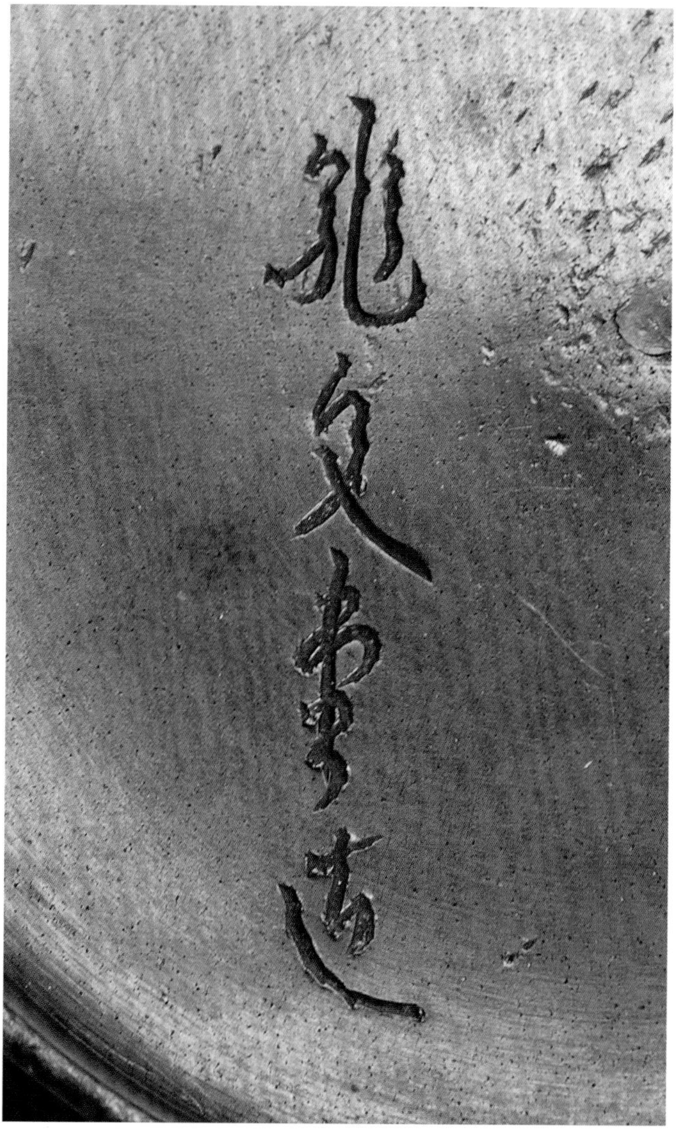

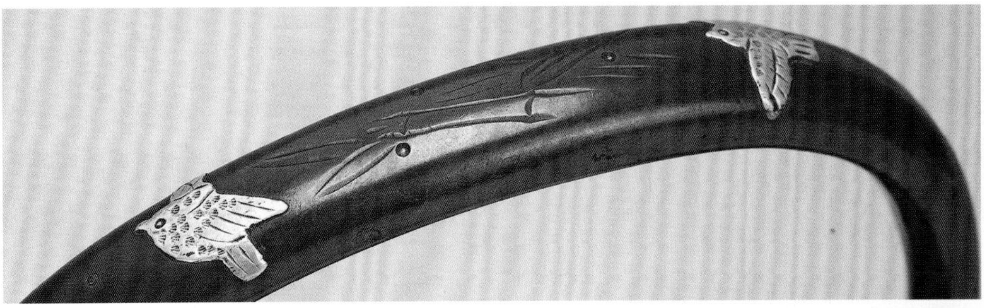

日本
亀文

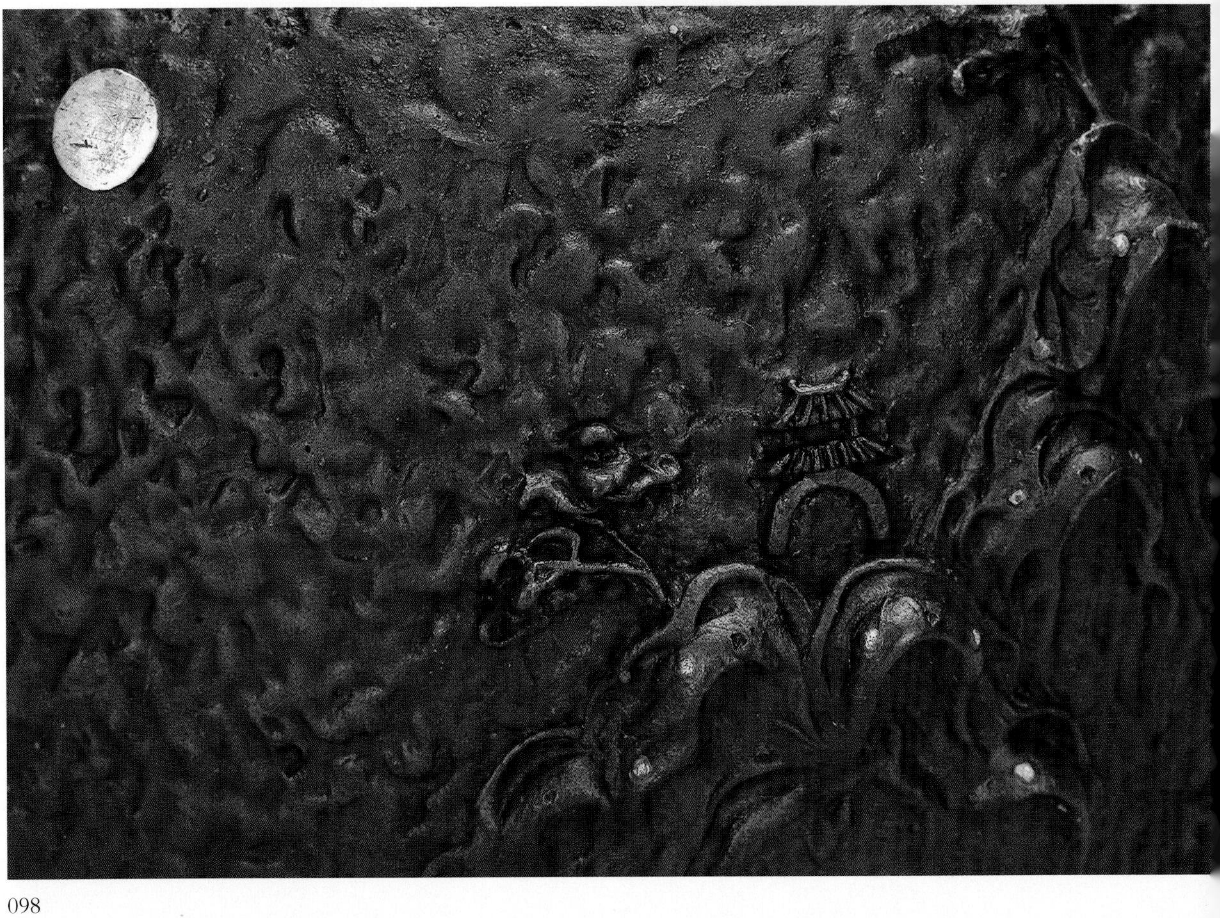

明治时期・龟文堂造・月鸟・铁壶

脱蜡铸造，该壶为龟文堂典型作品，月鸟山水，嵌银祥云灵芝铜摘，镶银雀铜提手（可拆卸）。身款日本龟文小章。

高 22.5 厘米，宽 20 厘米，全重 2150 克，盖重 430 克。

明治时期·龙文堂大国造·岁寒三友铁壶

该壶为竹节状，壶身是精美的浮雕松枝梅花和汉字诗文，全壶呈现高雅之气。身款寿朗，底款大国，盖款龙文堂造。

高 23 厘米，宽 14 厘米，全重 1640 克，盖重 310 克。

明治时期·金寿堂雨宫造·松荷铁壶

该壶身右侧是蜻蜓落新荷的金银浮雕，左侧镶松果松针，壶盖银鱼戏水，摘和钮制作奇妙，铜提手银梅花镶嵌。身款雨宫，盖款金寿堂造。

高 23 厘米，宽 17 厘米，全重 1470 克。

明治时期·藏六居造·兽口饕餮纹银壶

此银壶是藏六居的典型作品，兽口饕餮纹技艺复杂，以金作壶摘，精美绝伦，属皇家把玩之物，历经百年熠熠闪光，存世稀少，为收藏极品。底款藏六居造。

高 18 厘米，宽 15 厘米，全重 660 克。

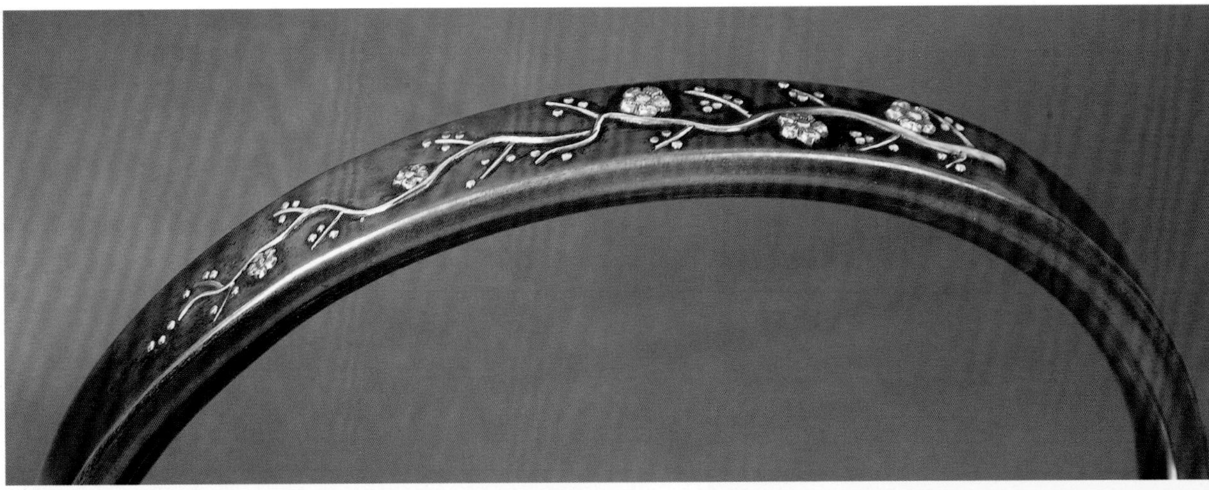

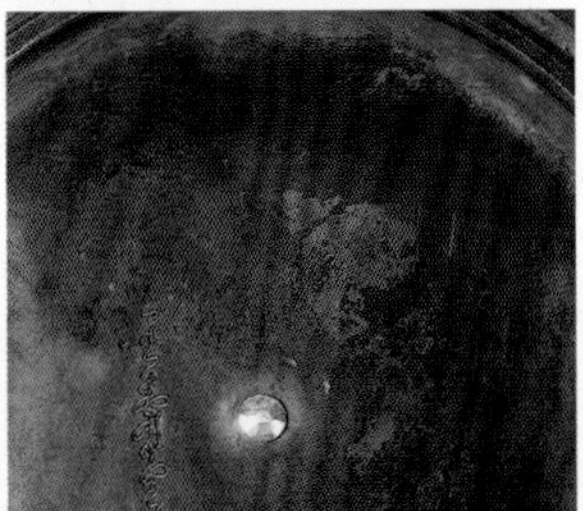

明治时期·金寿堂雨宫造·牡丹盛开铁壶

此壶属雨宫花壶代表作，壶形俊美，壶身大气，盛开的牡丹花栩栩如生，引得金蜂银蝶飞舞，厚重的铜壶盖上硕果累累，铜提手十分精致。身款雨宫，盖款金寿堂雨宫造。

高23厘米，宽17厘米，全重1920克，盖重540克。

明治时期·光玉堂造·牡丹铁壶

此壶为光玉堂造，小巧精美，高浮雕金银牡丹，象征富贵吉祥，壶盖与提手呼应成一体，身款光玉堂造，盖款光玉堂造。

高 21 厘米，宽 15 厘米，全重 1310 克。

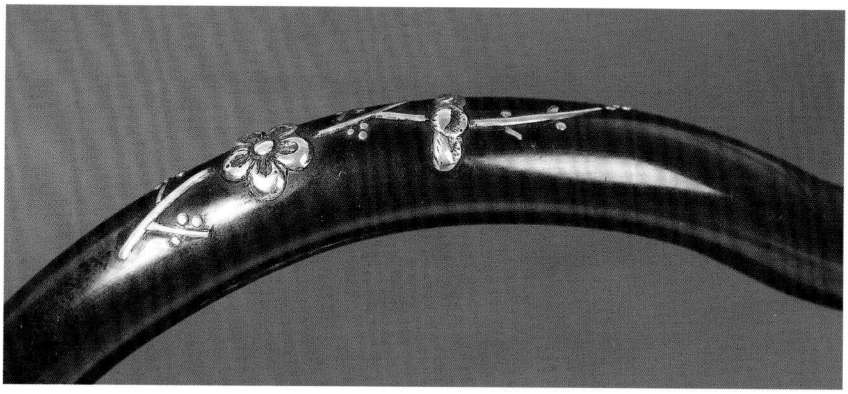

明治时期·云色堂美之助造·百合花开铁壶

此壶为云色堂堂主美之助造，镶嵌金银，象征金玉满堂，圆满吉祥。壶身、流、把、盖、钮均无棱角，盖与壶身一气呵成，不同材质镶嵌产生视觉的层次感，气质高雅。身款云色堂造，盖款云色堂美之助造。

高 23 厘米，宽 18 厘米，全重 1980 克，盖重 370 克。

明治时期·金龙堂造·饕餮纹炮口铁壶

该壶为上田照房造，壶身纹饰奇特，壶嘴呈炮口状，壶盖银灵芝浮雕和梅花仙鹤，提手月亮蝙蝠，身款照房，盖款金龙堂造。

高 20 厘米，宽 17 厘米，全重 1680 克。

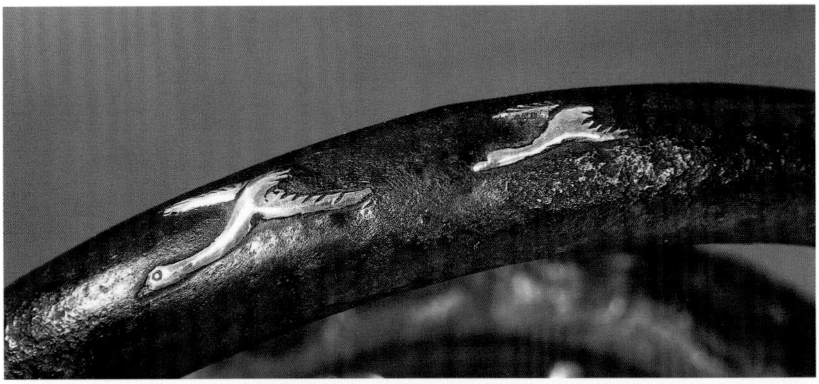

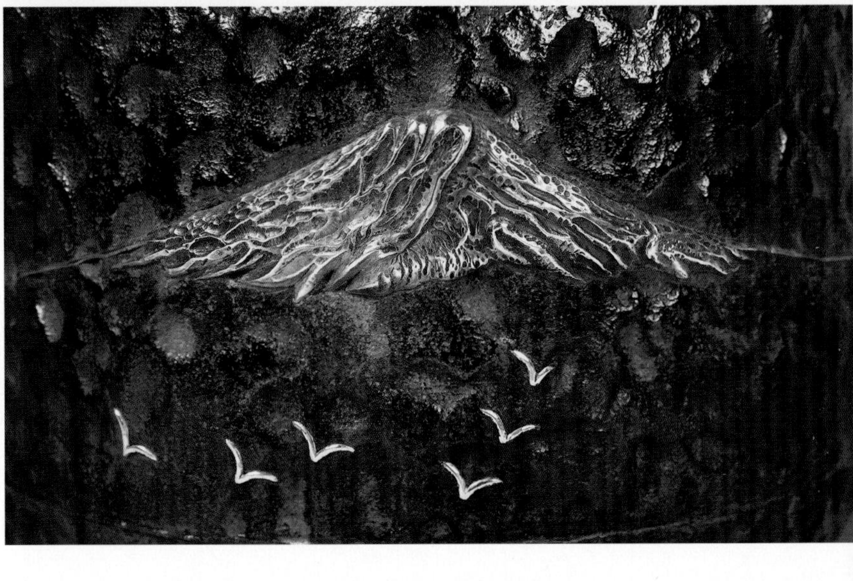

明治时期·雨宫造·富士山仙鹤铁壶

该铁壶厚重大方，壶身主体银雕琢的富士山和展翅飞翔的仙鹤镶嵌，华丽壶盖更显其珍贵。身款雨宫，盖款金寿堂造。

高 24 厘米，宽 18 厘米，全重 2060 克。

明治时期·大国造·龙腾铁壶

此壶霸气十足，巨龙腾飞的高浮雕壶身，精美铜盖与提手龙纹缠绕凝成一体。身款大国，盖款大国造。

高25厘米，宽20厘米，全重3150克，盖重500克。

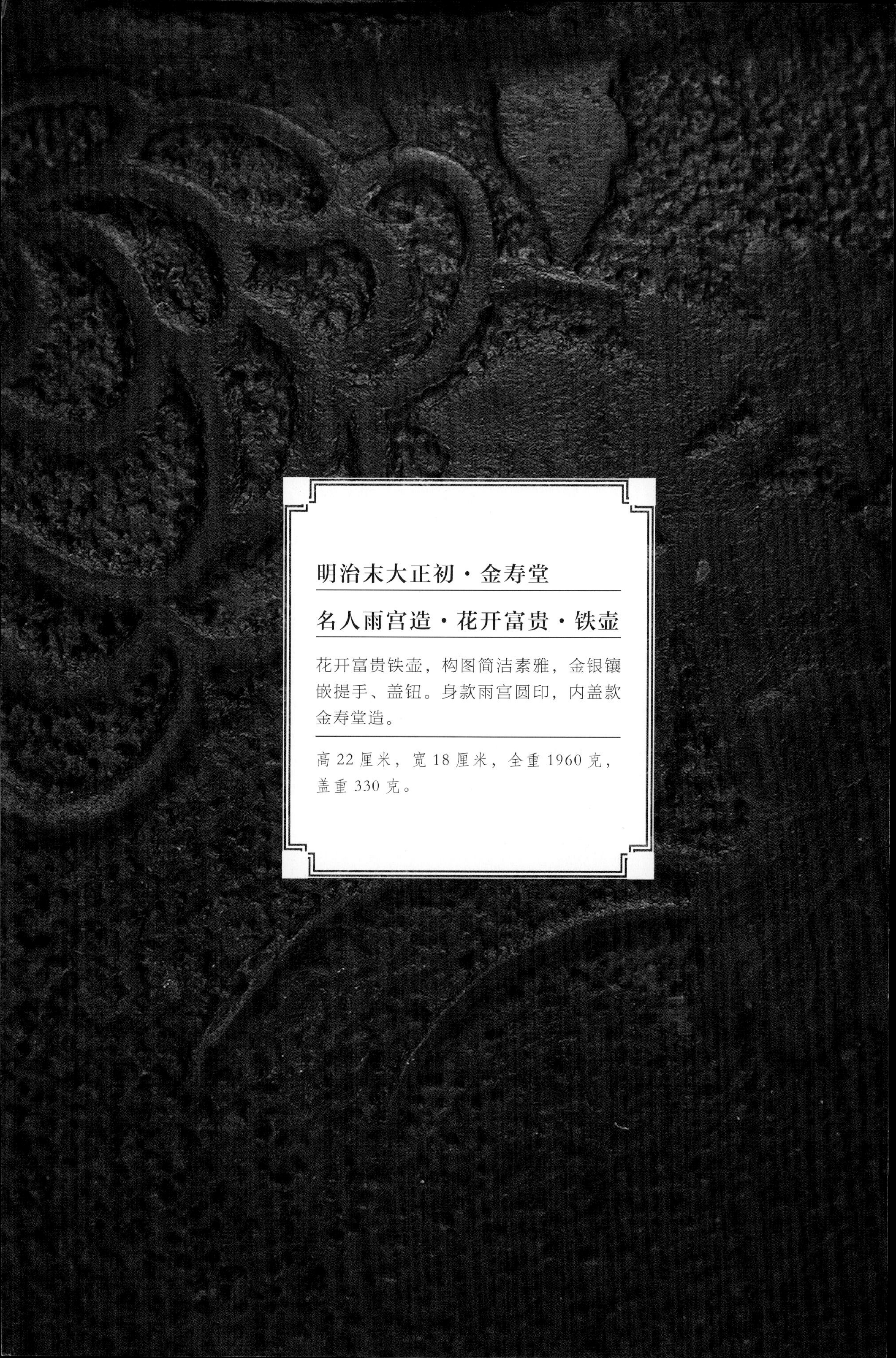

明治末大正初·金寿堂

名人雨宫造·花开富贵·铁壶

花开富贵铁壶，构图简洁素雅，金银镶嵌提手、盖钮。身款雨宫圆印，内盖款金寿堂造。

高 22 厘米，宽 18 厘米，全重 1960 克，盖重 330 克。

明治末大正初·正寿堂造·木纹·铁壶

该壶素雅精巧，壶身通体显现木纹之美，使人在饮水品茗时有置身苍翠林间之感，小巧紧凑令人爱不释手。身款正寿堂。

高 19 厘米，宽 15 厘米，全重 1160 克，盖重 120 克。

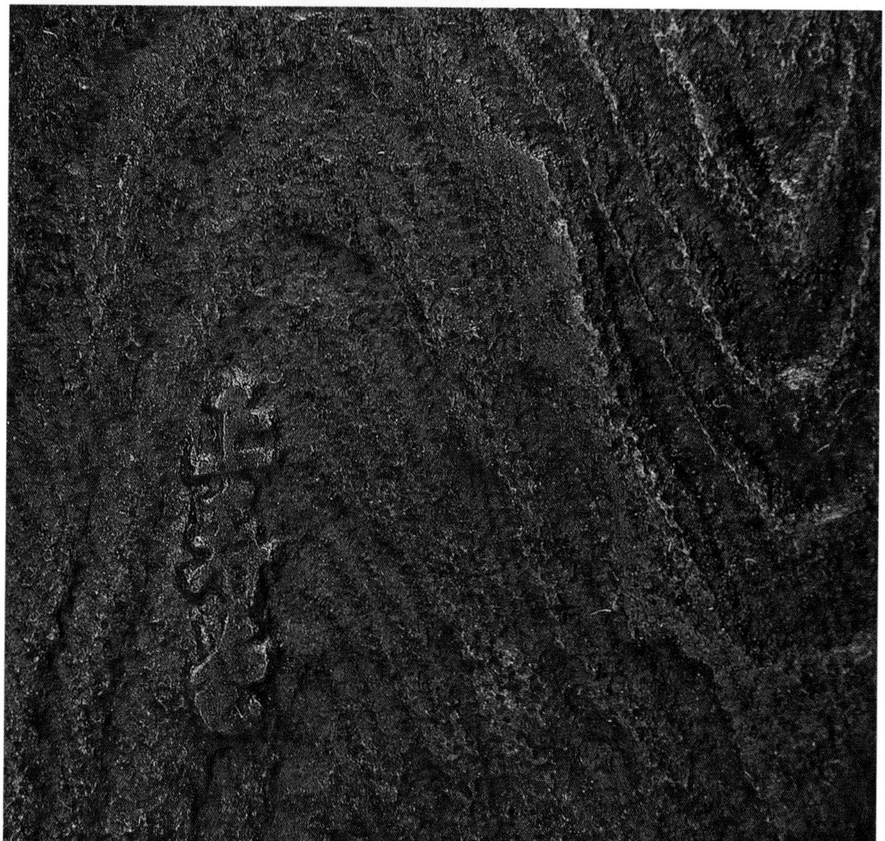

大正时期·龙文堂造·福寿·铁壶

此壶为龙文堂福寿纹铁壶。盖款龙文堂造。

高21厘米，宽17厘米，全重1500克，盖重200克。

大正时期·龙文堂造·篱笆瓜豆·铁壶

该壶形状别致，下宽上窄，壶沿布满篱笆，壶身瓜蔓豆角浮雕，农家气息浓郁。提手粗把细钩。盖款龙文堂造。

高 21.5 厘米，宽 17 厘米，全重 1930 克，盖重 250 克。

龍文堂造

龍文堂造

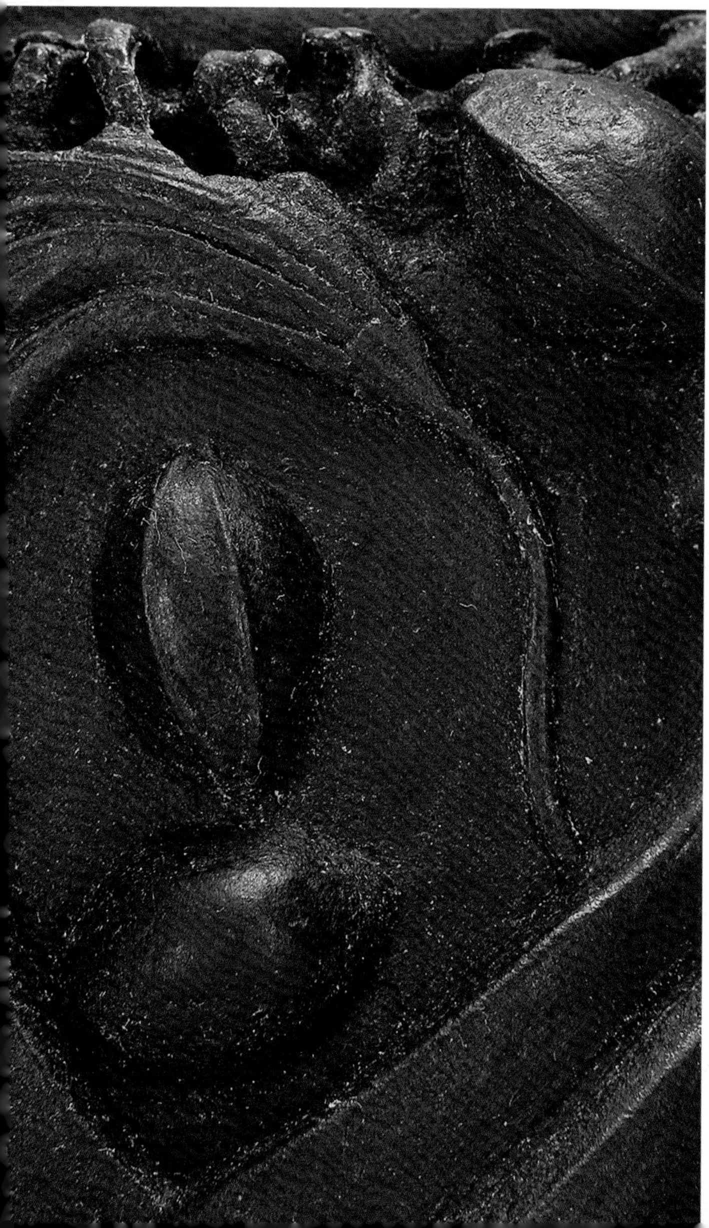

大正时期・南部名人砂子泽三朗（秀山）造・铁壶

这是一把未曾使用保存完好的大铁壶。两侧竹林浮雕，壶嘴美观流畅。身款南部秀山。

高 21.5 厘米，宽 22 厘米，全重 1960 克，盖重 290 克。

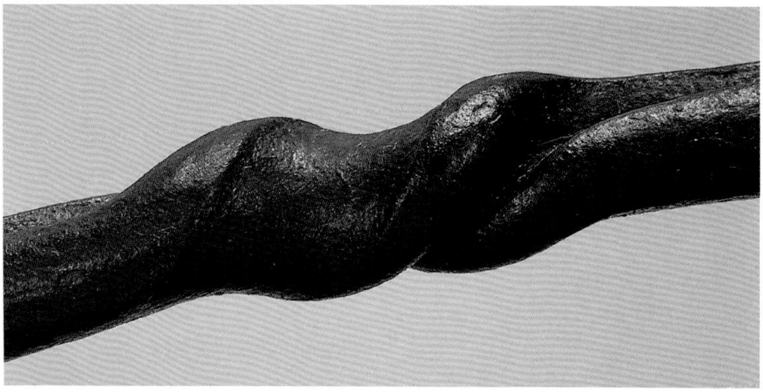

大正时期·龟文堂造·古朴民居·铁壶

龟文堂晚期作品，壶体厚实，山野古朴民居高浮雕体现了一种自然界的宁静气息。灵芝图腾铜提手。身款龟文堂造。

高 22 厘米，宽 19 厘米，全重 2210 克，盖重 300 克。

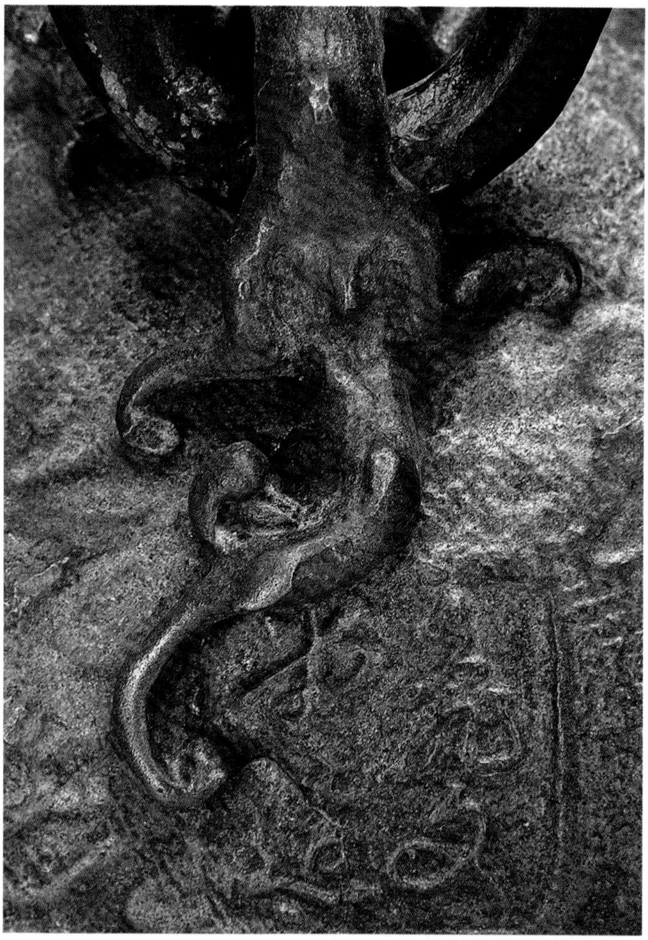

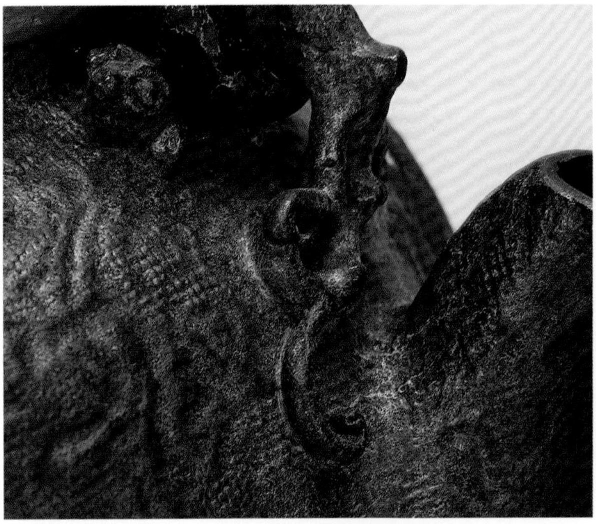

大正时期·龟文堂造·渔村城堡·铁壶

龟文堂晚期作品，壶体厚重，海岸渔村和城堡高浮雕，灵芝图腾提手。身款龟文堂造。

高 22 厘米，宽 19 厘米，全重 2160 克，盖重 320 克。

大正时期・亀文堂名人梅泉造・蟹・铁壶

脱蜡法铸造，壶身精巧，浮雕螃蟹使铁壶灵动，属梅泉造上品。身款日本梅泉。

高 21 厘米，宽 18 厘米，全重 1600 克，盖重 230 克。

日本
桜泉

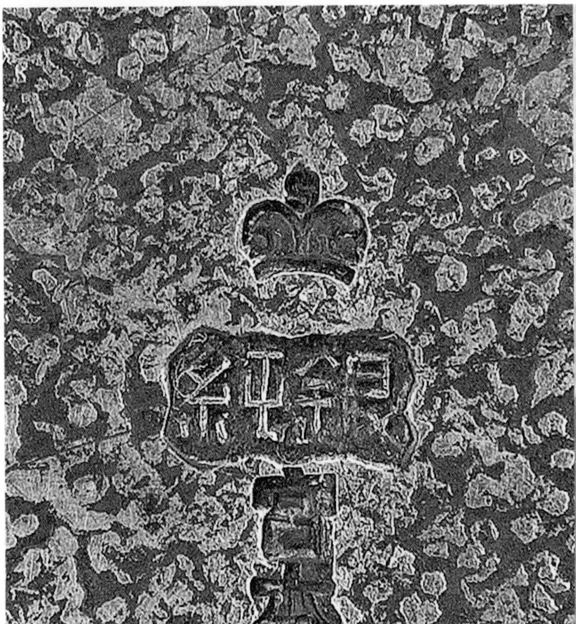
純銀

大正时期·宫本造·银壶

该壶纯银，为著名金工师宫本打造，壶壁厚实，曲线优雅，手工锤打出交错有序的乳钉纹，做工精美。底款宫本。

高 18 厘米，宽 16 厘米，全重 510 克。

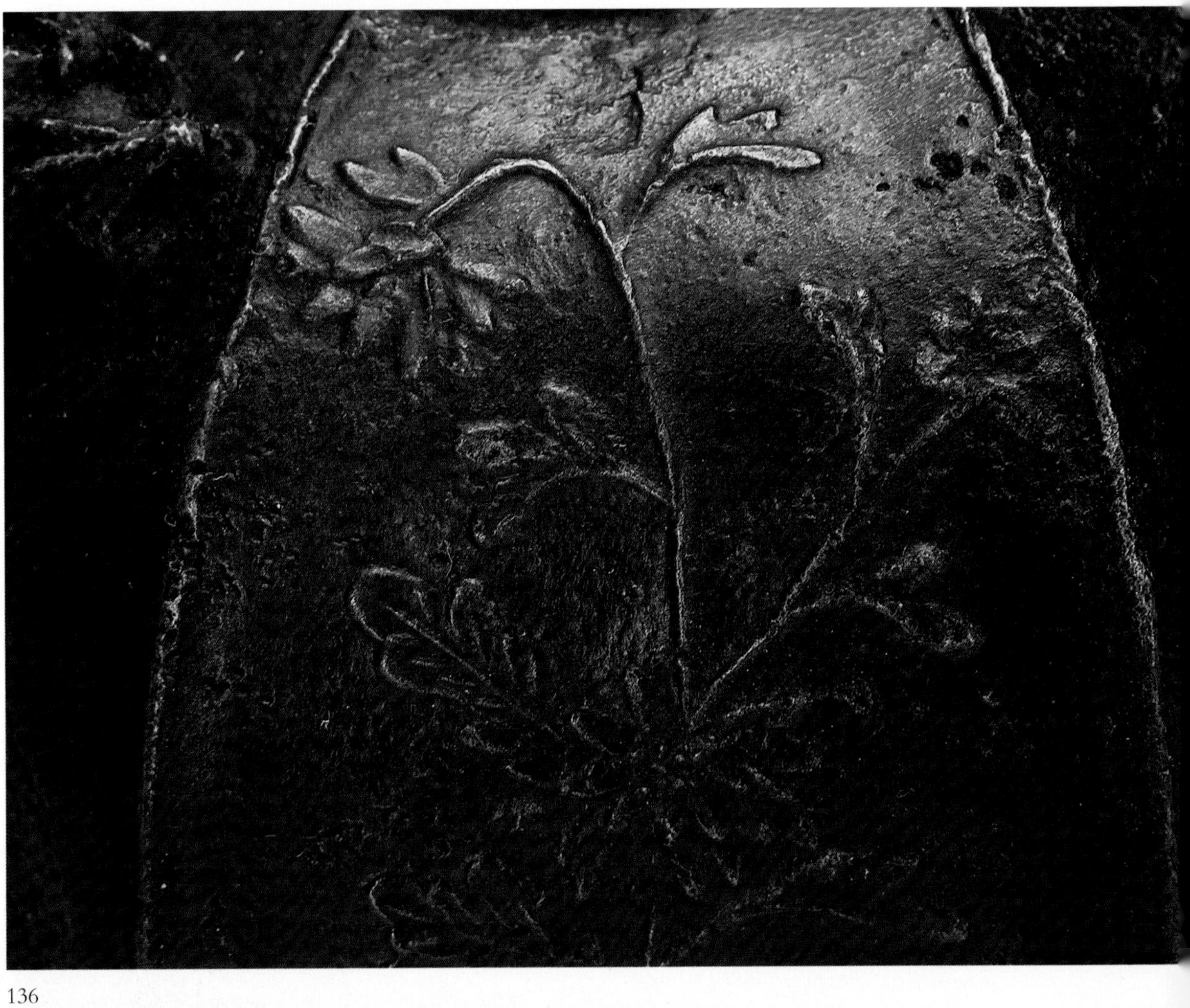

大正时期·金寿堂造·梅兰竹菊伞形铁壶

该壶成伞形，右侧是兰花菊花，左侧是梅花竹子，银盖翡翠摘钮，提手镶银葡萄，极具观赏价值。盖款金寿堂造。

高 18 厘米，宽 16 厘米，全重 1390 克，盖重 90 克

大正时期·正寿堂造·金银镶嵌梅花纹铁壶

壶身浮雕花卉，铜盖和提手均镶有金银图案。身款正寿堂。

高 20 厘米，宽 17 厘米，全重 1270 克。

大正时期·正寿堂造·铁壶

大正时期·精金堂造·铁壶

该壶作者独具匠心，壶身铸有十二地支的子、丑、寅、卯、辰、巳、午、未、申、酉、戌、亥，中国古代以它和天干相配，用来表示年月日的次序。盖款精金堂造。

高 20 厘米，宽 17 厘米。

大正时期．龙文堂造．鹤龟铁壶

此壶特别大气，鹤龟为长寿吉祥之意，壶身龟纹中又见松柏浮雕，更有一种意境。盖款龙文堂造。

高 24 厘米，宽 20 厘米，全重 2040 克。

大正时期·龟文堂造·山水铁壶

此壶壶体两侧均为高浮雕山水图案，精美铜盖，灵芝铜提手。身款龟文堂造。

高 22.5 厘米，宽 18.5 厘米，全重 2260 克，盖重 330 克。

大正时期·老铜壶

昭和时期·胜峰造·银壶

此壶为胜峰用纯银制造，造型精巧，壶体银光耀眼，肌理锻打富有变化，满布捶痕，犹如潺潺溪流，极富动感，摘钮圆润饱满，配以藤编提手与壶身呼应。盖款胜峰。

高 20 厘米，宽 16 厘米，全重 530 克。

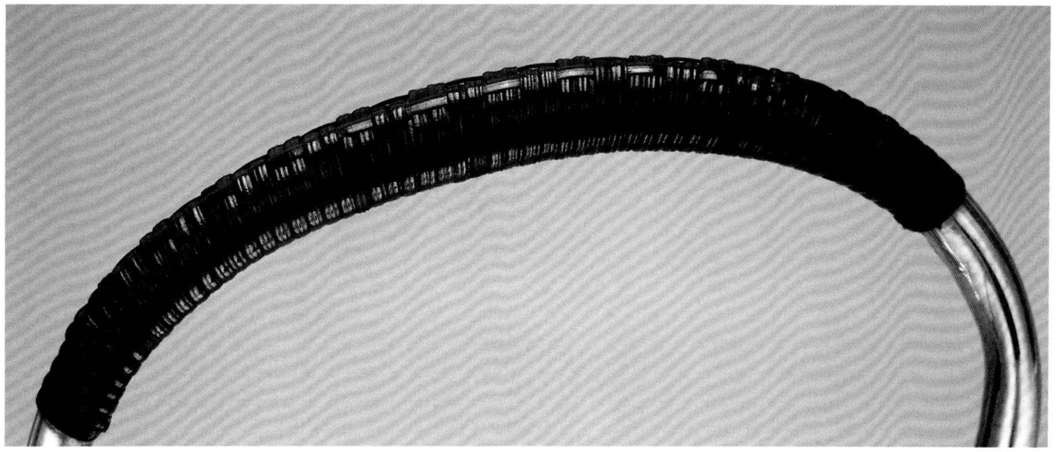

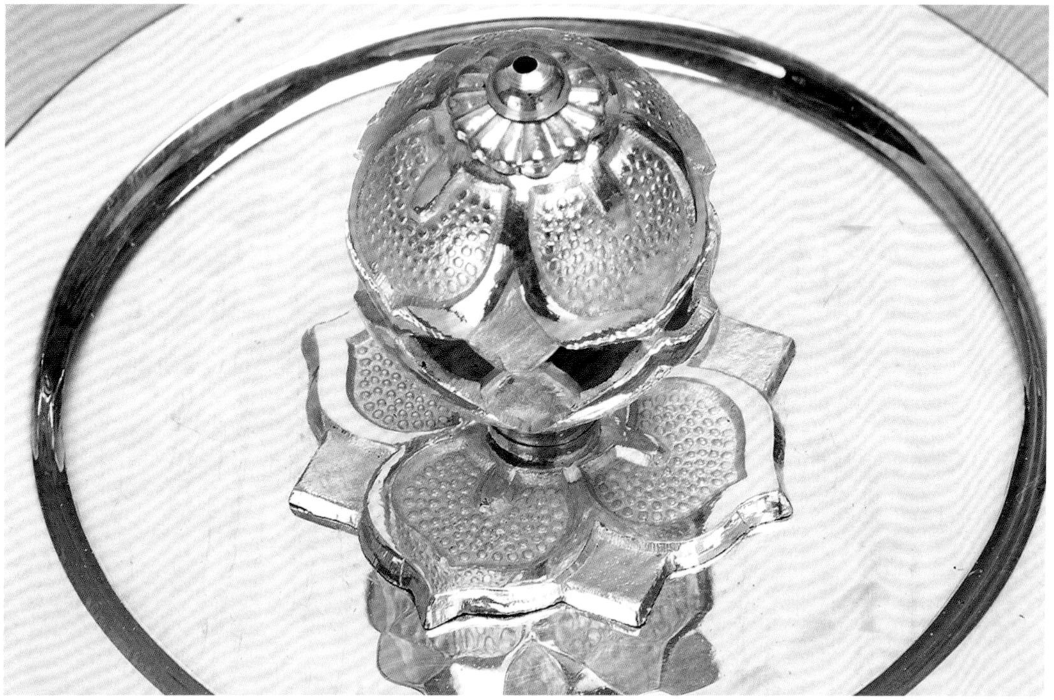

純銀

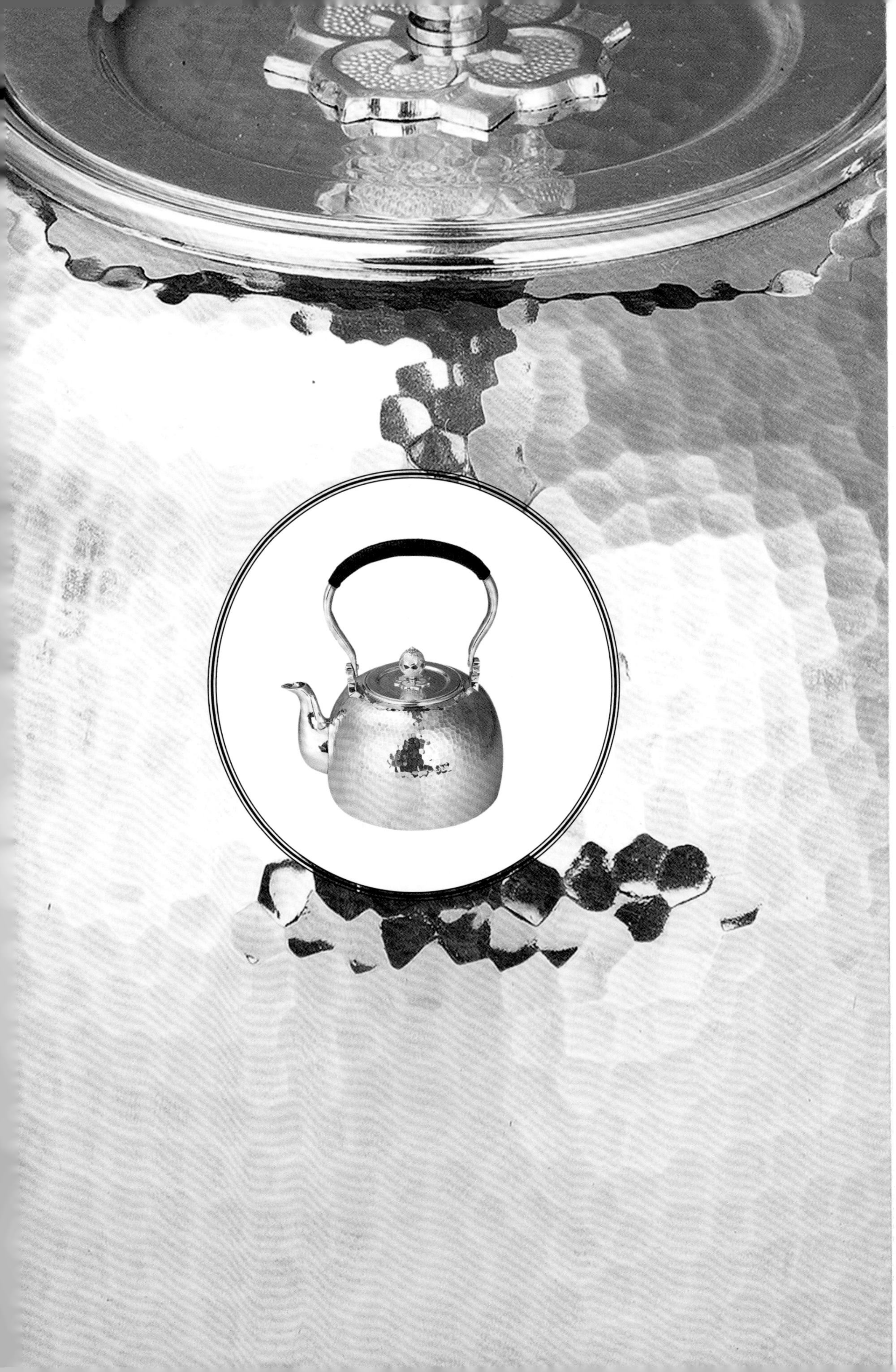

昭和时期·高桥敬典造·铁壶

该壶器形优美，朴素典雅，壶身有松针图案。身款敬典。

高 21 厘米，宽 18 厘米，全重 1430 克。

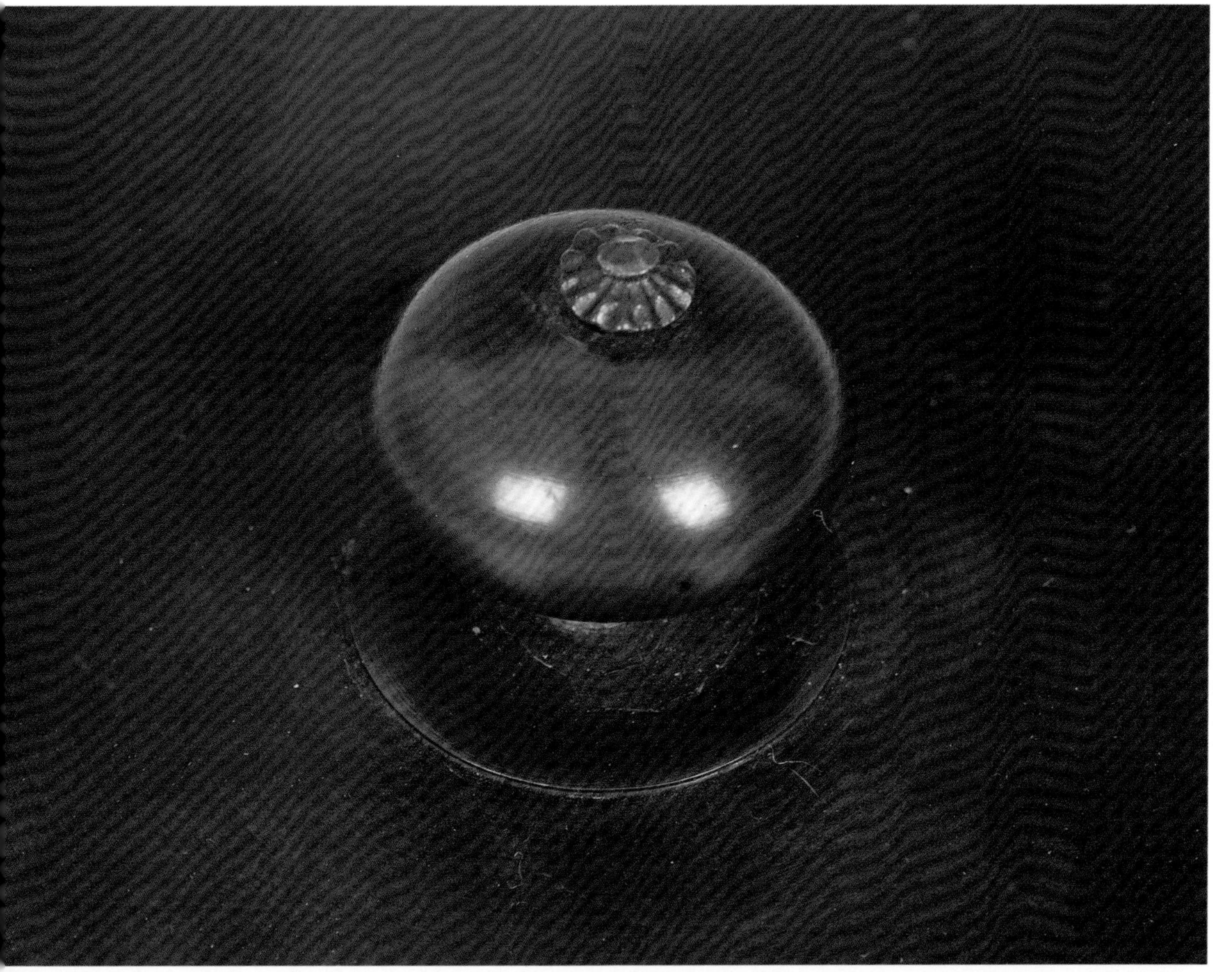

昭和时期·高桥敬典造·铁壶

该壶霰纹瓶身，铜盖银嘴，提手镶银。身款敬典。

高 21 厘米，宽 19 厘米，全重 1740 克。

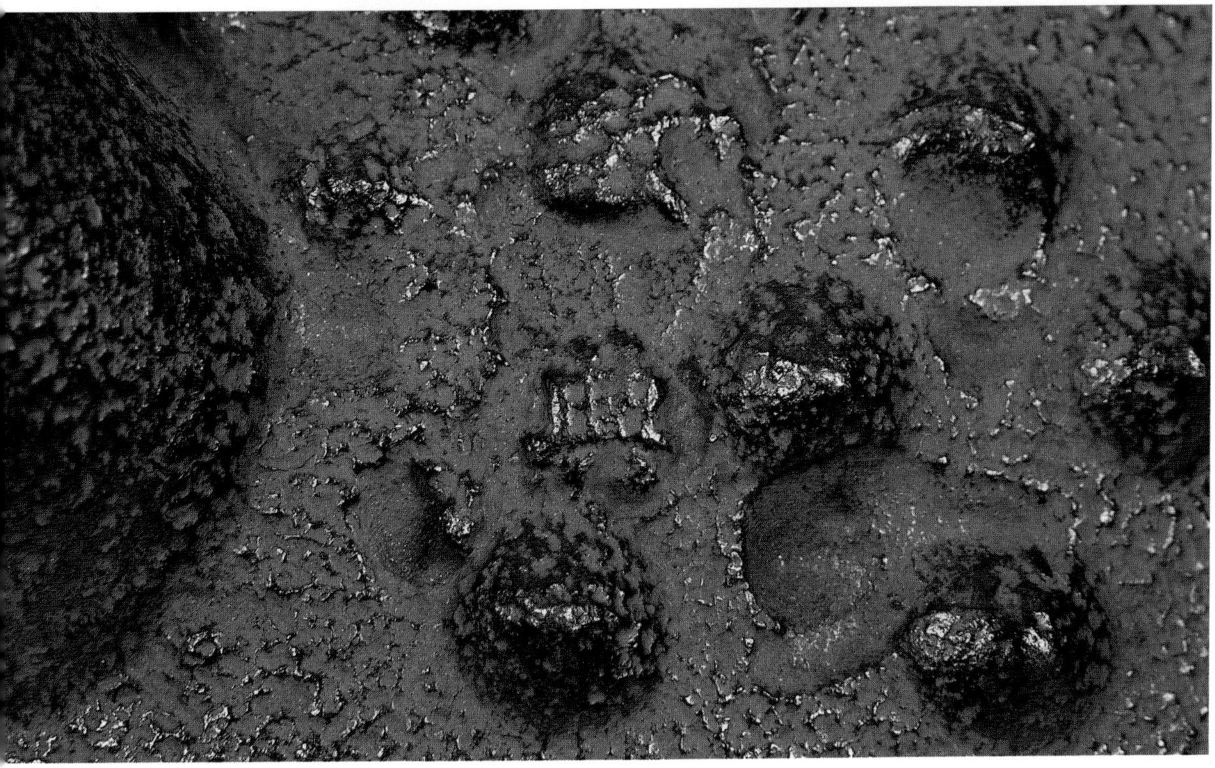

昭和时期·高桥敬典造·枣形铁壶

此壶器形高挑、柔顺，为难得的枣状壶形。身款敬典。

高23厘米，宽14厘米，全重1120克。

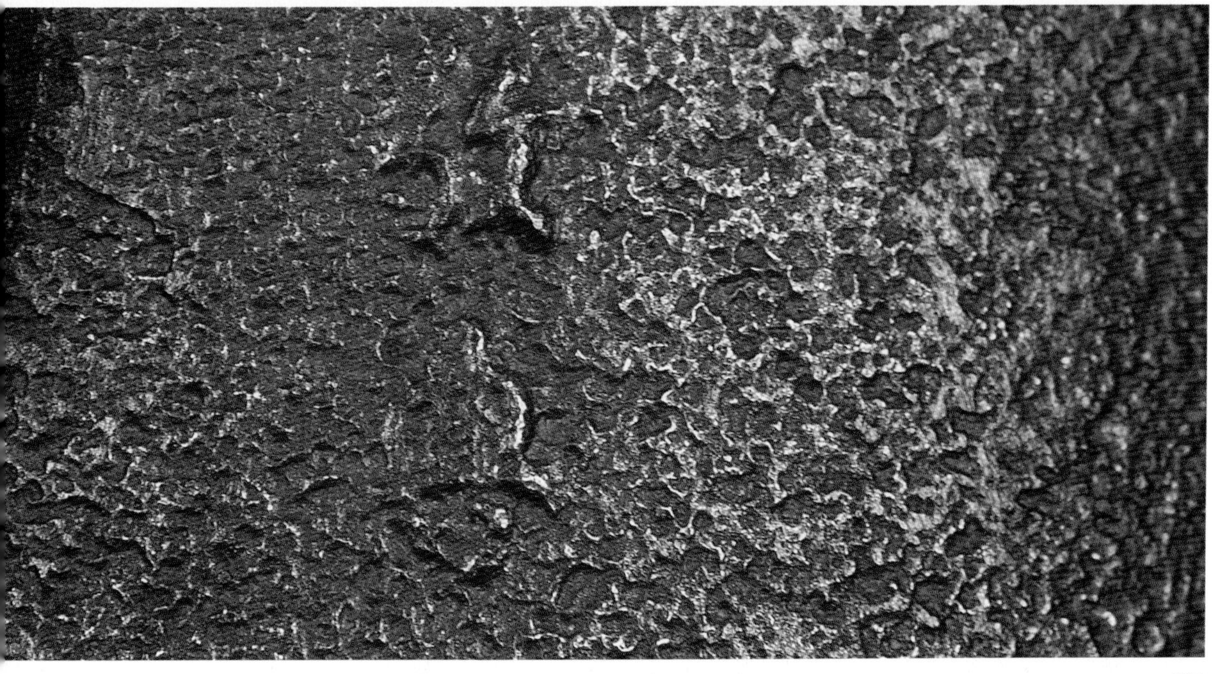

昭和时期·银壶

此壶为昭和时期造银壶。

高 18 厘米，宽 15 厘米，全重 380 克。

胜山造．桃梅银壶（年代不详）

此壶为胜山所造，技艺精湛，壶形秀美。

高 19 厘米，宽 16 厘米，全重 520 克。

松荣堂雅寿造．大银壶（年代不详）

此款银壶乃茶器名匠世家松荣堂雅寿造，壶身饰以槌木纹，大小深浅均匀有致，体现了精湛的手工技艺，并加以细藤绕柄既美观又方便使用。底款松荣堂雅寿。

高 24 厘米，宽 21 厘米，全重 1230 克。

明治时期·藏六纯银茶箕

明治时期·藏六纯银茶托

图书在版编目（CIP）数据

老铁壶 / 石远编. -- 福州 : 福建美术出版社,
2015.2
ISBN 978-7-5393-3315-1 (2019.4 重印)

Ⅰ. ①老… Ⅱ. ①石… Ⅲ. ①水壶－收藏－日本－近代 Ⅳ. ①TS914.251

中国版本图书馆 CIP 数据核字（2015）第 033583 号

老铁壶 **石远 编**

出版发行：海峡出版发行集团
福建美术出版社
社　　址：福州市东水路 76 号 16 层
邮　　编：350001
网　　址：http://www.fjmscbs.com
服务热线：0591-87660915（发行部） 87533718（总编办）
经　　销：福建新华发行集团有限责任公司
印　　刷：福州印团网电子商务有限公司
开　　本：787 × 1092mm 1/16
印　　张：10.5
版　　次：2015 年 4 月第 1 版
印　　次：2019 年 4 月第 2 次印刷
书　　号：ISBN 978-7-5393-3315-1
定　　价：168.00 元